專業裁縫師的
紙型修正祕訣

以市售＆手作書附錄紙型
作出最合身的手作服

contents 目次

專業裁縫師的
紙型修正祕訣

以市售＆手作書附錄紙型
作出最合身的手作服

人體與原型

人體的結構

● 服裝的裁剪方式……

1 平面裁剪……使用紙製作紙型的方法，又稱平面製圖（flat pattern）。

2 立體裁剪……將布放在人台或人體模型上，裁剪製作紙型的方法，英文稱為draping。

3 平面＋立體併用的裁剪方式等。

不論選擇哪一種方式都OK，最重要的是作出的衣服要漂亮又好穿。也因此在縫製前，必須對人體的結構、功能與活動有一定程度的了解。接著就試著對人體的正面、背面、側面及剖面進行觀察。

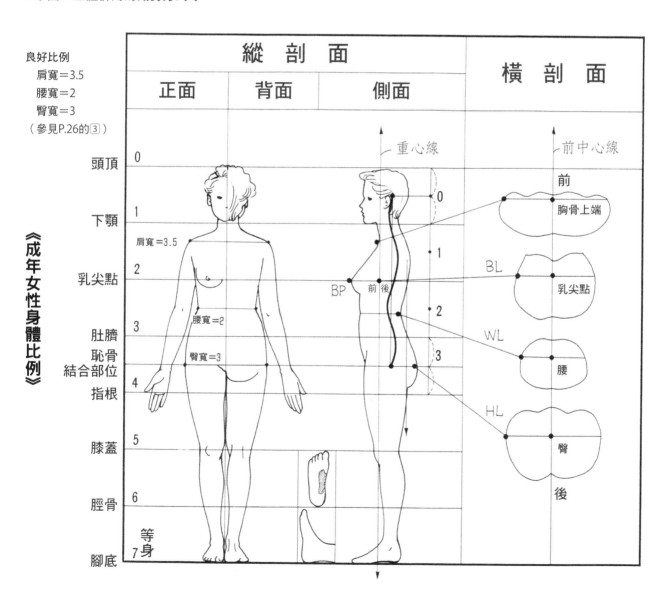

良好比例
　肩寬＝3.5
　腰寬＝2
　臀寬＝3
（參見P.26的③）

《成年女性身體比例》

縱　剖　面　　　　　橫　剖　面

正面　　背面　　側面

頭頂　0

下顎　1

肩寬＝3.5

乳尖點　2

肚臍　3
恥骨
結合部位
指根　4

膝蓋　5

脛骨　6

腳底　7　等身

重心線　　　前中心線

前
胸骨上端

BL　乳尖點

BP　前後

WL　腰

HL　臀

後

1

參考尺寸

參考尺寸是以各種測量數據為本，再依日本工業標準（JIS）推算出來的。應用在製作衣服上十分好用，對於丈量的尺寸感到不放心時、無法直接量身時，或想了解服裝的製作比例時都很方便。

成年女性尺寸參考表											
圍度（cm）						長度（cm）					
部位	S	M	ML	LL	2L	部位	S	M	ML	LL	2L
B	76	82	88	94	100	身高	150	155	158	160	162
W	58	64	70	76	84	背長	36	37	38	38	39
MH	82	86	90	96	100	袖長	50	52	53	54	55
H	86	90	94	98	102	腰長	17	18	18	19	19
體重（kg）						股上長	25	26	27	28	28
	45	50	55	63	68	股下長	65	67	68	69	70

原型的畫法（文化式原型）

女裝原型的畫法

平面製圖的原畫法，是以胸圍及背長為基礎，依人體比例推算出各部位的尺寸。女裝原則是以展開的右衣身，也就是右半身為基礎來製圖。後續頁面中使用的原型，不管是平面裁剪或立體裁剪也都以此為準。

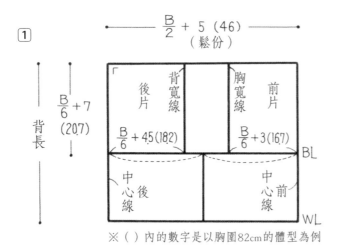

※（）內的數字是以胸圍82cm的體型為例

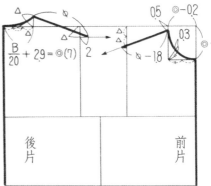

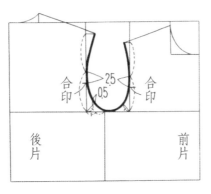

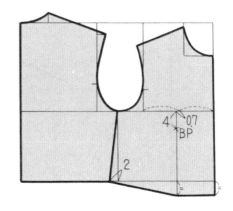

原型…平面製圖的基礎，包含衣身及袖子。

紙型確認

衣身・袖子的紙型確認

製好的圖並不是馬上就能使用，必須先標示上各部位的名稱、合印、布紋線、開口止點等記號，且必須一邊思考**完成後的模樣（＝立體化）**，一邊進行細部的確認。

首先是衣身，有時會如圖①在容易出現WS（腰側）功能性不足的部位，進行追加修正。

接著是如圖②，依完成後的正確尺寸在肩部及腰部摺疊尖褶，重畫立體化後的線條，並將凹陷部分補好修順。再來是確認WL（腰圍線）和前後脇的AH（袖襱）是否能整齊接上。

領圍如圖③，合併前後NP（頸點），袖襱則如圖④合併前後SP（肩點），重新順好連接線條，以便能整齊接合。

至於袖子，則如圖⑤，確認AH和袖下的袖口線能否整齊接合。

① 衣身

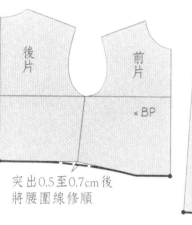

突出0.5至0.7cm後
將腰圍線修順

② 衣身

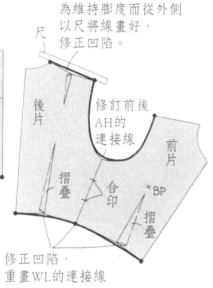

依完成線摺疊尖褶，
為維持膨度而從外側
以尺將線畫好，
修正凹陷。

尺

修訂前後
AH的
連接線

摺疊

合印

摺疊

修正凹陷，
重畫WL的連接線

③ 領圍

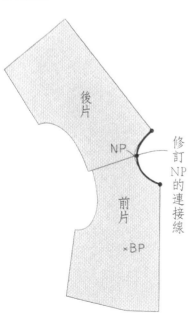

後片

NP

前片

×BP

修訂
NP的
連接線

④ 袖襱

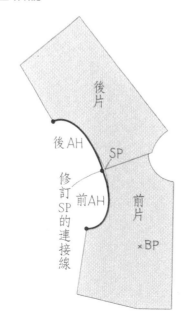

後片

後AH

SP

前AH

修訂
SP的
連接線

前片

×BP

⑤ 袖子

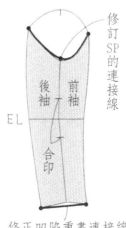

修訂
SP的
連接線

後袖 前袖

EL

合印

修正凹陷重畫連接線

合印…為防止實際縫合時布片歪掉而作的記號。

剪接（合併）

以圖①的剪接為例，先摺疊後剪接，再如圖②在肩線追加尺寸後，與前剪接的NP（頸點）及SP（肩點），最後再如圖③，修順領圍和袖襱的連接線。

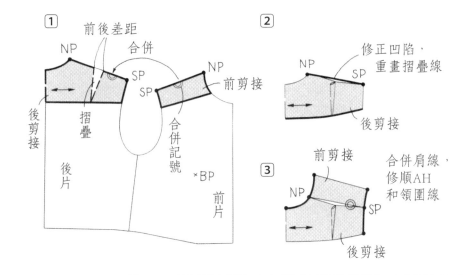

垂墜褶份（裁開）

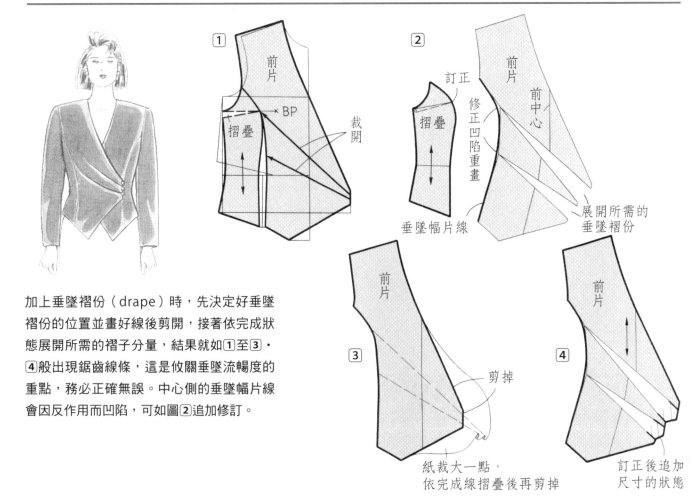

加上垂墜褶份（drape）時，先決定好垂墜褶份的位置並畫好線後剪開，接著依完成狀態展開所需的褶子分量，結果就如①至③·④般出現鋸齒線條，這是攸關垂墜流暢度的重點，務必正確無誤。中心側的垂墜幅片線會因反作用而凹陷，可如圖②追加修訂。

如圖①摺疊前後裙片的腰褶後，將腰圍的連接線重新修順，補滿凹陷。接著如圖②合併前後脇線，並確認下襬線也修順後，在接縫的長線上標示合印。

布紋線則如圖②畫長一點，以利辨識。最好再加上有無毛流的記號。

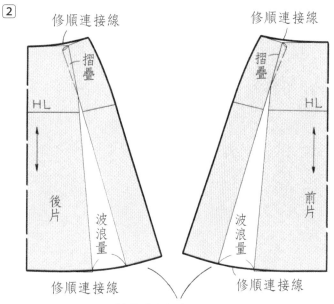

將窄裙的製圖應用在半波浪裙時，先如圖①剪切口，再如圖②展開波浪褶的褶份。修正WL的凹陷重畫。

毛流…毛織品和天鵝絨等布料表面會有毛。因為光線的關係，天鵝絨及燈芯絨是逆毛剪裁。

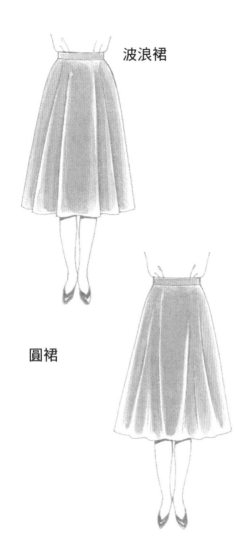

波浪裙

圓裙

如果想在裙身呈現明顯的波浪褶數（這裡是1/4裙片上有兩個波浪褶），可如圖①，按希望的褶數剪切口，展開後WL的凹陷不必修順，直接保留角狀，再如圖②在縫份正確地剪牙口，就能如願呈現波浪褶數。如果想以相同的版型作出圓裙的感覺，則可如圖③修正WL的凹陷重畫。

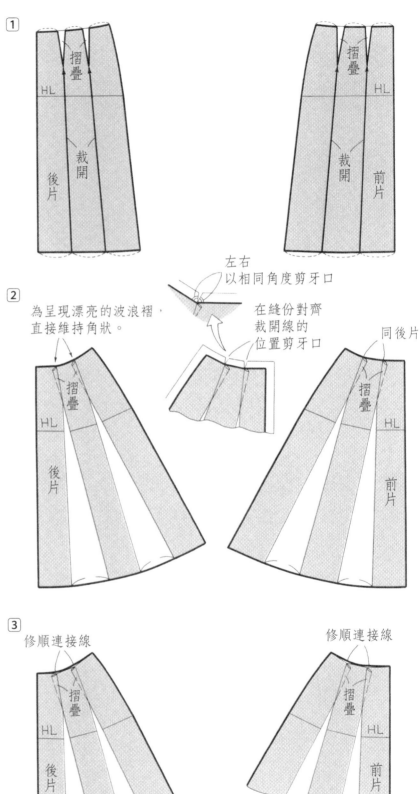

① 摺疊　HL　裁開　後片　　摺疊　HL　裁開　前片

左右以相同角度剪牙口

② 為呈現漂亮的波浪褶，直接維持角狀。　在縫份對齊裁開線的位置剪牙口　　同後片
摺疊　HL　後片　　摺疊　HL　前片

③ 修順連接線　摺疊　HL　後片　　修順連接線　摺疊　HL　前片

① — a

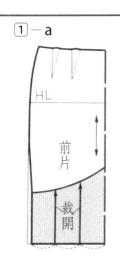

② — a

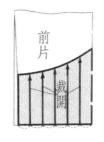

① — b

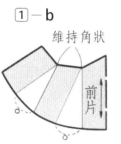

維持角狀

前片

② — b

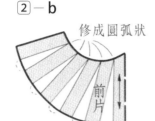

修成圓弧狀

前片

如①—a畫好圖，但在裙片下方的波浪褶部分剪兩個切口，再將褶份展開如①—b。上端的角狀維持原樣不修順，自然就會散開成波浪狀。如果如②—a多剪幾個切口，並如②—b將上端的角狀修成弧狀線條，就會變成圓裙。

希望大家記住，切口的多寡以及完成線的繪製方式等細部技巧，對整體設計與款式有著很大的影響。

① — b

② — b

①

裁開

前中心

前片

想將波浪裙的版型應用在細褶裙時，先如圖①畫上裁切線，再如圖②將中心側複寫在紙上，於上方標示所需縐褶量，並於裙襬追加不足的尺寸。接著如圖③自然摺疊此一尺寸，並複寫脇裙片的圖樣，再將紙打開，就完成了上下方均加入必要分量的紙型，如圖④。

②

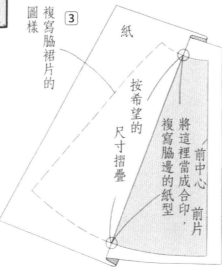

紙

希望尺寸◎

希望尺寸

前中心

前片

③

複寫脇裙片的圖樣

紙

按希望的尺寸摺疊

將這裡當成合印，複寫脇邊的紙型

前中心　前片

④

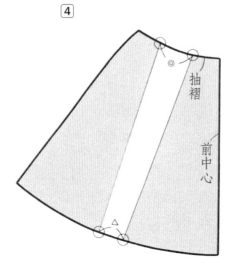

抽褶

前中心

裙子（褶襉）

褶襉裙的畫法是先在圖①－**a** 的臀圍線（HL）定出褶襉的尺寸。製圖時如圖①－**a**，即使HL和裙襬的褶襉尺寸相同，基本線仍會和圖①－**b**一樣呈水平狀。
另外，變成WL（腰圍線）的上端，在正確摺好褶襉並

剪下後，會呈現如圖①－**b**的角狀線條，這條線至關重要。

①

①－**a**
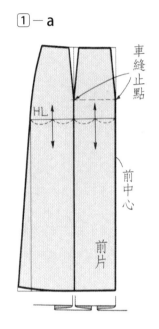

①－**b**
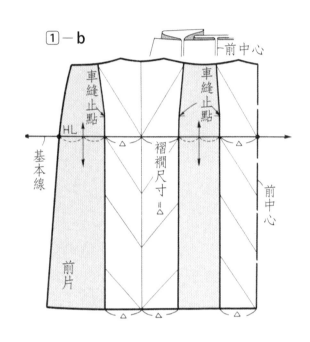

製圖記號

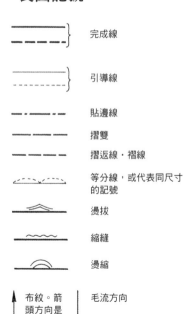

完成線

引導線

貼邊線

摺雙

摺返線・褶線

等分線，或代表同尺寸的記號

燙拔

縮縫

燙縮

布紋。箭頭方向是直紋　　毛流方向

直角記號

製圖線的交叉辨別記號

摺疊紙型，轉移裁開

合併紙型裁剪的記號

褶襉（由斜線高的一方朝低的一方摺疊。）

英文縮寫

B	Bust （胸圍）	
BL	Bust Line （胸圍線）	
BP	Bust Point （乳尖點）	
W	Waist （腰圍）	
WL	Waist Line （腰圍線）	
H	Hip （臀圍）	
MHL	Middle Hip Line （中臀圍線）	
HL	Hip Line （臀圍線）	
EL	Elbow Line （肘線）	
KL	Knee Line （膝線）	
SNP	Side Neck Point （側頸點）	
FNP	Front Neck Point （頸圍前中心點）	
BNP	Back Neck Point （頸圍後中心點）	
SP	Shoulder Point （肩點）	
AH	Arm Hole （袖襱）	

如②－**a**因交叉而下襬打開時，HL和裙襬的褶襇深度是不一樣的，如②－**b**所示。要是HL和裙襬的褶子寬度一致，如②－**c**，那麼作為基本線的HL就不會是一條水平線，實際摺疊褶襇時，因為褶線會變成斜向，使得布紋伸展而無法對齊，請避開此種狀況。

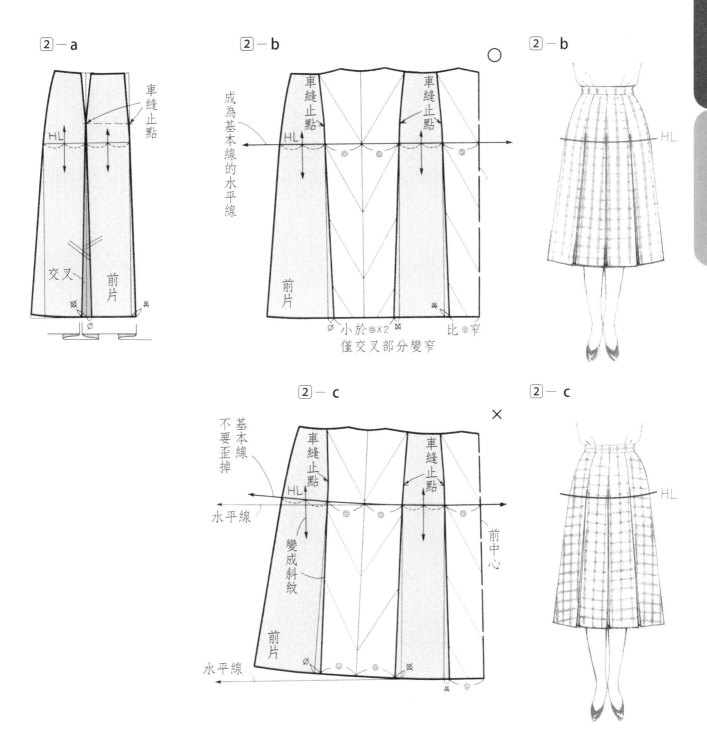

② － a

車縫止點

HL

交叉　前片

∅

② － b　○

成為基本線的水平線

車縫止點　車縫止點

HL

前片

∅ 小於◎×2　比◎窄
僅交叉部分變窄

② － b

HL

② － c　×

基本線不要歪掉

車縫止點　車縫止點

HL

水平線

變成斜紋

前片

水平線

前中心

∅

② － c

HL

褲子

褲子的紙型確認，首先是如圖①，修順前後股上的連接線及前後WL（腰圍線）的連接線。

接著如圖②，以P點為基點，事先在股下至褲襬的縫接線上標示合印，以免車縫時位置跑掉。再來是如圖③，以P點為基點對齊後，重新將前後WL的連接線修順。

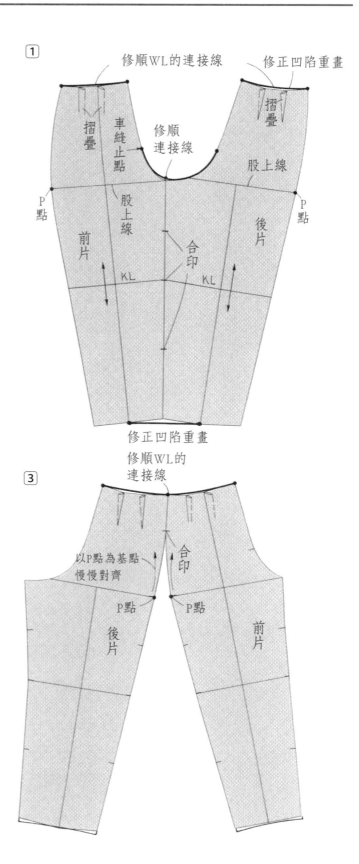

① 修順WL的連接線　修正凹陷重畫

摺疊　車縫止點　修順連接線　摺疊

股上線

P點　P點

股上線

前片　後片

合印

KL　KL

修正凹陷重畫

修順WL的連接線

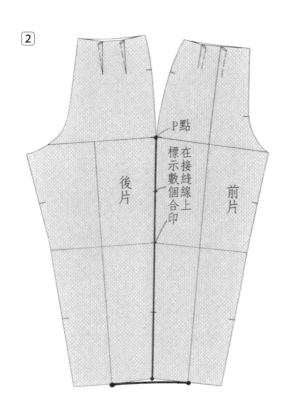

② P點

在接縫線上標示數個合印

後片　前片

③ 合印

以P點為基點慢慢對齊

P點　P點

後片　前片

有關褲子的說明參見P.94至P.103

試穿前的紙型修正

找出操作點P點的方法

①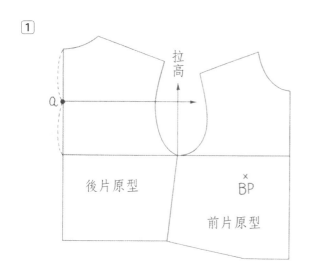

目前的服裝流行趨勢是，「本物志向（求真）」、「良好的比例」、「顧及年齡層與體型」等，考驗著打版師的功力。若將衣服當成是裝置人體的箱子，那麼一邊考慮款式上的美觀與比例，一邊在試穿修正以前，先於紙型階段將需要修正的部分全部作好，就變得十分重要。

紙型修正的操作點是**P點**，操作線為**a**、**b**、**c**、**d**、**e**、**f**。

②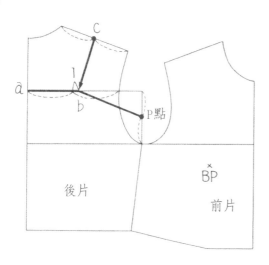

③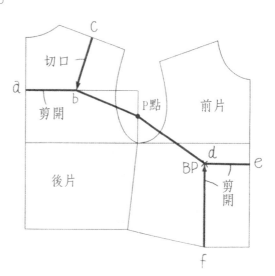

胸部較高時

當胸部的位置比較高，可如圖①在前衣身畫好操作線後剪開。

接著如圖②，按住**P點**，根據胸部提高份，拉長前衣身的長度（縱向）。前腰圍線對應高度展開後增加褶份，以放大橫向的隆起份。如果將鼓起的胸部視為圓錐形，橫向及縱向都要追加不足尺寸，以維持良好的比例。

※尋找操作點P點的方法參見P.11。

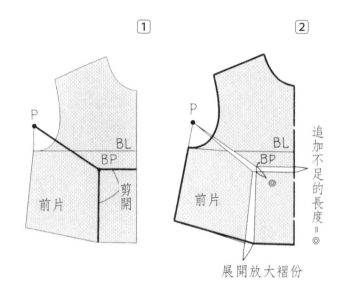

① ②

追加不足的長度＝◎

展開放大褶份

胸部較低時

胸部較低和胸部較高的狀況相反，所以進行反向操作。

前衣身如圖①畫好操作線後剪開。

接著如圖②以**P點**為基點，根據胸部降低份，摺疊前衣身的長度（縱向）。前腰圍線對應高度減少，裁開後摺疊褶份，以縮小橫向的隆起份。橫向及縱向都依一定比例的向下調整。

※找出操作點P點的方法參見P.11。

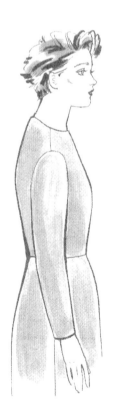

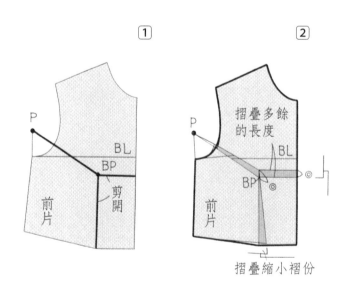

① ②

摺疊多餘的長度

摺疊縮小褶份

圓錐形…圓底尖頭的形狀。

肩胛骨突起時

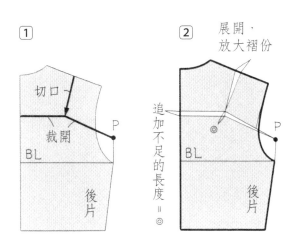

① 切口
裁開
BL
後片

② 展開，放大褶份
追加不足的長度＝◎
P
BL
後片

當肩胛骨突起時，必須增加縱向及橫向的長度，形成隆起狀。如圖①將橫線剪開，再從肩部剪切口。

接著如圖②，以P點為基點，先在背部中心追加不足的長度。至於橫向隆起的部分，則以放寬肩部的尖褶作為因應。經此調整，肩胛骨的部位就會形成鼓起狀。

※找出操作點P點的方法參見P.11。

加上墊肩時

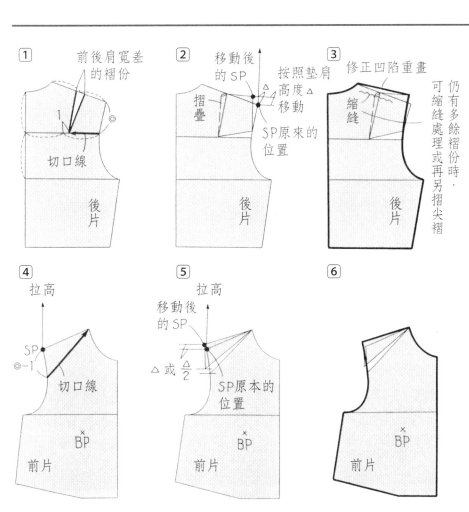

① 前後肩寬差的褶份
切口線
後片

② 移動後的SP
摺疊
按照墊肩高度△移動△
SP原來的位置
後片

③ 修正凹陷重畫
仍有多餘褶份時，可縮縫處理或再另摺尖褶
縮縫
後片

④ 拉高
SP
◎-1
切口線
BP
前片

⑤ 拉高
移動後的SP
△ 或 △/2
SP原本的位置
BP
前片

⑥
BP
前片

如果要加墊肩，後肩胛骨就不需要調整成鼓起狀。

如圖①，在後片原型的肩部剪切口，再將尖褶展開至前後肩寬差的尺寸。接著如圖②，配合墊肩高度將SP（肩點）向上拉，再如圖③重新畫好修正後的線。仍留有褶份時，可縮縫處理或再另摺尖褶，依設計而定。前片如圖④畫好切口線，再比圖⑤將SP（肩點）拉高至墊肩高度或墊肩的1/2高，並重新畫好肩線。

前後肩寬差…在文化式原型中，考量肩胛骨的弧度，前後片的肩寬不同，後肩多出約1.8cm。

反身體型

反身體型多半胸部比較高，所以要在前衣身追加不足的尺寸。後衣身則剛好相反，由於BL（胸圍線）上方的部分會變得太長，可以P點為基準，在後衣身的操作線上摺疊多出的長度，將後衣身縮短。由於肩線重疊，褶份變小而出現凹陷，所以使用直線連接SNP（側頸點）與SP（肩點），修正凹陷。

※找出操作點P點的方法參見P.11。

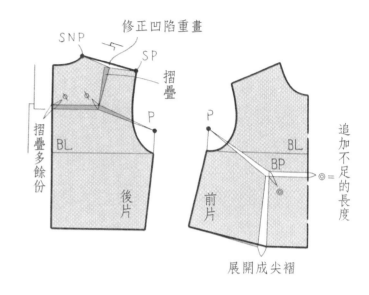

屈身體型

屈身體型和反身體型的狀況相反。

這種體型大部分胸部都比較低，所以要縮短前衣身。背部因肩胛骨突起或略呈圓形，必須比照P.13「**肩胛骨突起時**」的作法增加後衣身的長度。相對於縱向的不足份，連帶在肩線追加橫向的不足份，褶份增加，後衣身變得較渾圓。

※找出操作點P點的方法參見P.11。

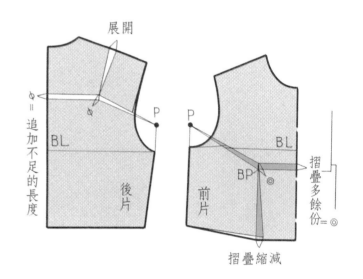

反身體型…前凸後凹。屈身體型…前凹後凸。

試穿前的紙型操作

前後差（前垂份）的處理方式

①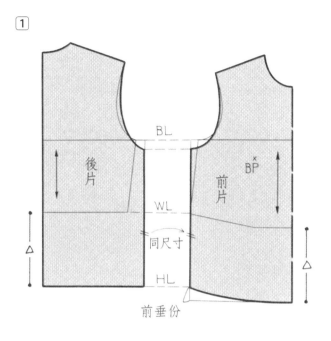

前後衣身差（以下簡稱前後差）的處理方式有：①將前後差份當成前垂份；②在脇邊上端拉高前後差份，剩下的當成前垂份；③在SP（肩端點）及脇邊上端兩個地方拉高前後差份。

②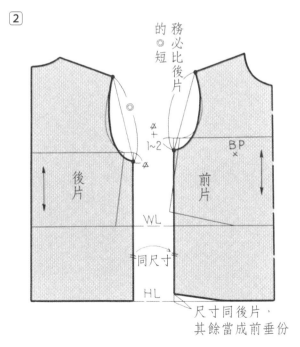

③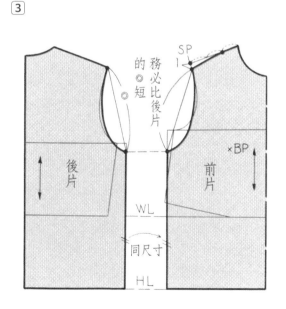

前垂份⋯自女裝原型的背長基礎線向下延伸的部分。在操作胸褶上是很重要的作業。

前後差的各種處理方式

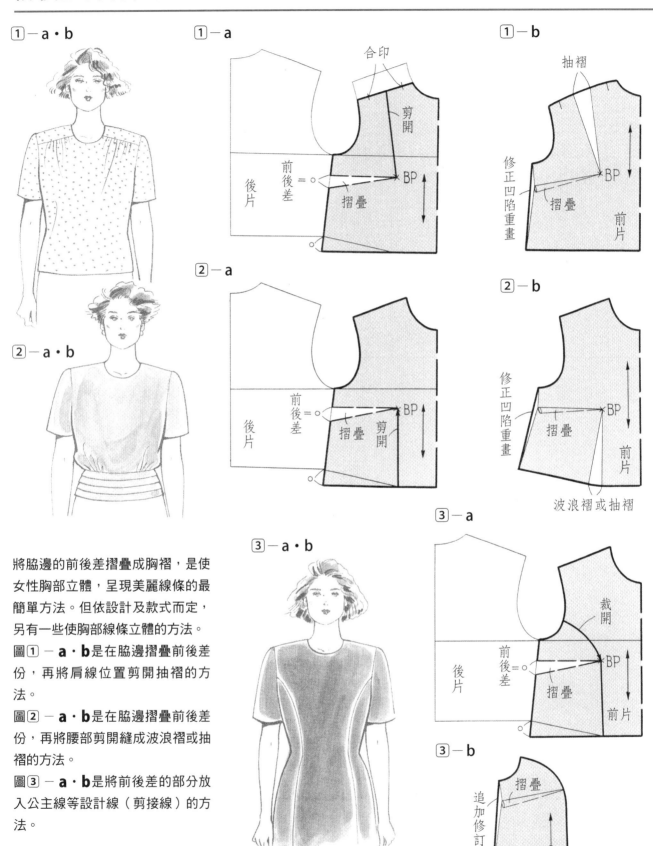

①－a・b

①－a

合印
剪開
後片　前後差＝○
BP
摺疊

①－b

抽褶
修正凹陷重畫
BP
摺疊
前片

②－a・b

②－a

後片　前後差＝○
摺疊　剪開
BP

②－b

修正凹陷重畫
摺疊
BP
前片
波浪褶或抽褶

③－a・b

③－a

裁開
後片　前後差＝○
摺疊
BP
前片

③－b

摺疊
追加修訂

將脇邊的前後差摺疊成胸褶，是使女性胸部立體，呈現美麗線條的最簡單方法。但依設計及款式而定，另有一些使胸部線條立體的方法。

圖①－a・b是在脇邊摺疊前後差份，再將肩線位置剪開抽褶的方法。

圖②－a・b是在脇邊摺疊前後差份，再將腰部剪開縫成波浪褶或抽褶的方法。

圖③－a・b是將前後差的部分放入公主線等設計線（剪接線）的方法。

在領圍抽褶的方法

呈現縐褶的方法很多，但重點不在於縐褶的多寡，而是漂不漂亮。

如圖①－**a**，摺疊尖褶量，只展開一個地方，會使得展開部分的線失去目標，不知該接到哪裡去。若直接將兩點連起來，就會出現如圖①－**b**般的有趣線條。

圖①－**c**雖然有指示該怎麼畫，但對於不熟悉製圖的人來說，很容易變成曖昧不清的線條。最好是如圖②－**a**‧**b**，以BP為圓心畫一個半徑2cm的圓，再朝圓的兩側分散尖褶量及裁切線，這樣就能像圖②－**c**呈現容易畫線的狀態。此時，要修正WL上的凹陷後重畫。

①－a

×

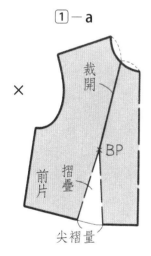

①－b

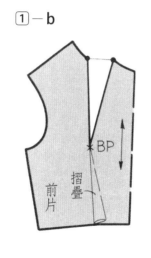

①－c

穿過中間的點

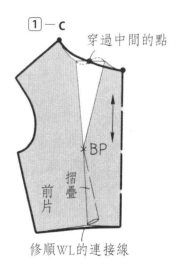

修順WL的連接線

②－a

○

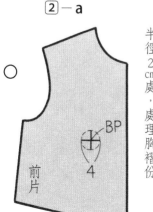

原則上是朝著以BP為中心的半徑2cm處，處理胸褶份

②－b

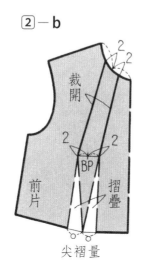

尖褶量

②－c

抽褶

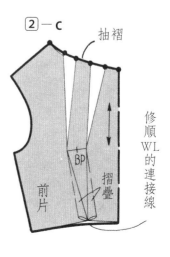

修順WL的連接線

原型斜傾的意義及應用

將原型的前中心斜傾製圖時，要先了解有哪些作法、變化及條件。作法有以下兩種：

①按住A點斜傾。

②將WL的前中心當成A點按住斜傾（參見P.19）。

至於斜傾會產生什麼變化，如圖①－**b**及②－**b**（參見P.18）所示，前長會變長、前中心及SNP之間變寬、胸圍及腰身也會變寬（②比①寬）。

根據這樣的變化，就能知道在什麼設計及條件下，需要用到這些技巧。

前長變長的條件是，類似短大衣及外套等穿在其他衣服外面，而需要一定寬鬆度的狀況。前中心及SNP（側頸點）之間變寬的條件是，針對一些打開、不扣上釦子的短大衣及外套等款式，可防止前中心在打開時下襬交疊。至於胸圍及腰身變寬的條件在於，為了要穿在其他衣服外面而必須增加長度及放大寬度，或是像翻領等領褶線的縫份重疊，需要一定厚及寬度的情況。

① **按住A點斜傾時**

①－**a**

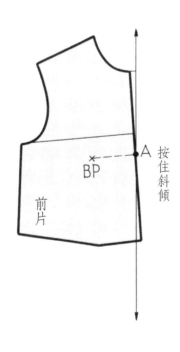

①－**b**

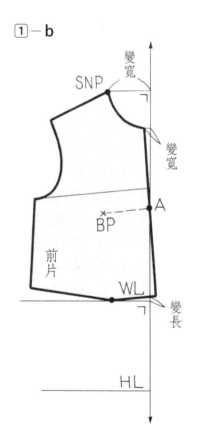

①－c

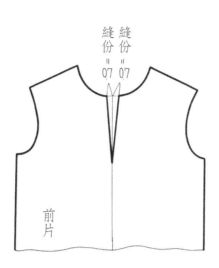

縫份＝07　縫份＝07

前片

①按住A點斜傾的方法（參見P.18），會在前中心出現一個三角形，可視設計當成縫份（參見圖①－c）。

此外，斜傾使得前下量變少，分散了胸部的張力，是一個胸褶不明顯但又能讓胸部更有型的好方法。

② 將WL當成A點斜傾的作法（解說參見P.18）

②－a

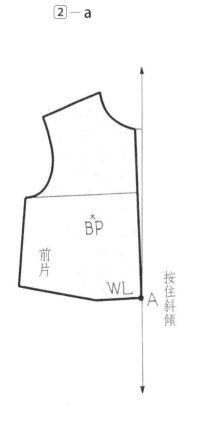

BP

前片

WL　A

按住斜傾

②－b

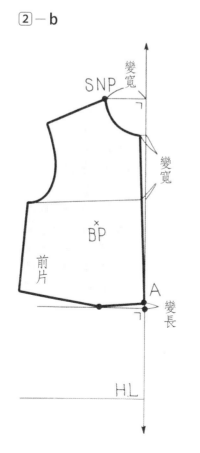

變寬

SNP

變寬

BP

前片

A　變長

H.L

③

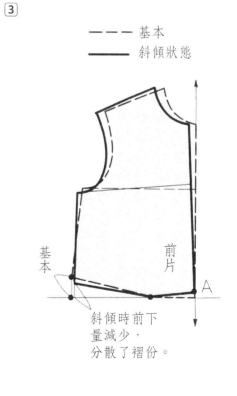

- - - - 基本
───── 斜傾狀態

基本

前片

A

斜傾時前下量減少，分散了褶份。

19

前領圍褶的意義和製圖方式

試穿前的紙型操作

BODY衣身

尖褶（dart）原本的意義在於，使平面的布能夠
完美地與女性的體型與曲線結合的一項技巧。
這項技巧雖然包含很多變化，但不論是直接呈現
或將尖褶隱藏在看不到的位置，目的都是要讓衣
服變得更變漂亮、有型。其中，前領圍褶是屬於
以隱藏式尖褶表現膨度的作法。
尖褶可朝不同方向打開，但由上往下的效果會比
由下往上更好，少量的尖褶就能發揮很好的效果
（參見圖①）。

①

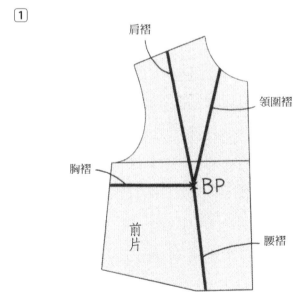

肩褶

領圍褶

胸褶

BP

前片

腰褶

　前領圍褶…一般指從領圍朝向胸點的尖褶。

製圖順序是，②在衣身的脇邊定出前後差的褶份、③複寫完成後的領子大小，以便隱藏尖褶。

②

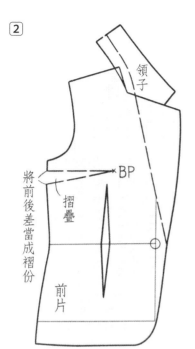

領子

BP

摺疊

將前後差當成褶份

前片

③

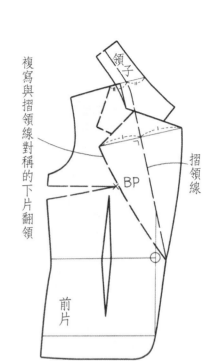

複寫與摺領線對稱的下片翻領

領子

摺領線

BP

前片

④定出尖褶止點後剪開、⑤摺疊胸褶，再追加修訂轉移展開的部分。

④

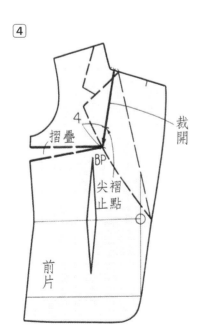

摺疊

4

裁開

BP

尖褶止點

前片

⑤

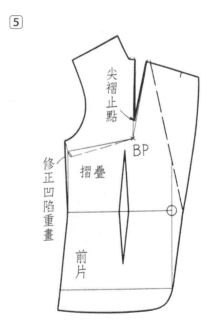

尖褶止點

BP

摺疊

修正凹陷重畫

前片

袖襱的畫法

以前的袖襱線是憑感覺畫出所謂美麗又好穿的線條，現在則是配合人體的功能性（活動量）來描繪適當的線條，穿起來舒適又不會出現縐褶。

如圖①，對於比原型脇線寬鬆、袖襱比原型下移的設計，可先按住SP（肩點），將後衣身的**a**點移至新脇線的**a'**點，前衣身的**b**點移至新脇線的**b'**點，以移動後的袖襱為基準，靠近從SP開始垂直向下的線（**c · d**），不要吃進衣身的將線連結，這樣袖襱就會變得好穿而不會太緊。

如果畫出如圖②中的あ線，脇邊多出的鬆份只會變得多餘，無法發揮什麼功能。い線則是少於人體基本的厚度，試穿時袖襱會產生縐褶。想在脇邊追加多於原型的鬆份時，最好像圖③一樣，畫在稍離脇線的位置。

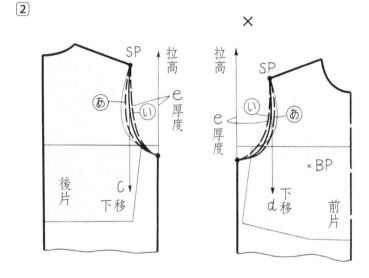

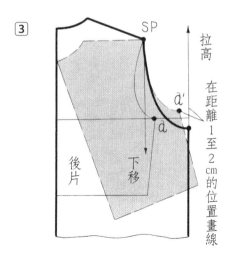

加上縫份的方法，依款式、素材及縫製方法而有所不同，只要能配合縫製順序並注意完成後的狀態，就不容易弄錯（參見圖①）。

要注意的是，需縫合的縫份要同寬度，與針腳平行。始縫及止縫的角度如圖②所示。袖子的作法相同（參見圖③）。

①

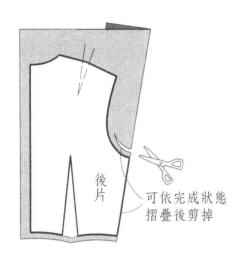

可依完成狀態摺疊後剪掉

②

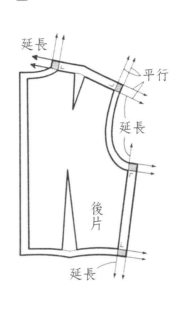

③

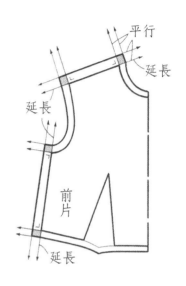

可依完成狀態摺疊後剪掉

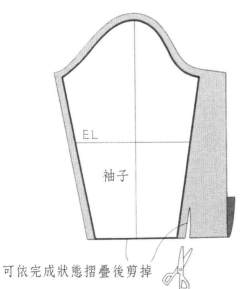

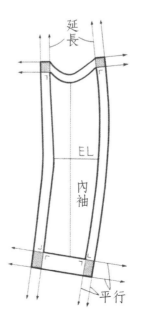

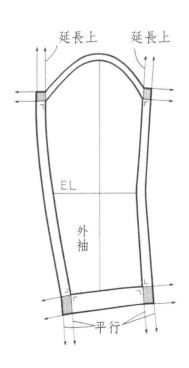

外袖・內袖…兩片袖在試穿時，成為衣身側的是內袖，位於外側的就是外袖。

衣身的試穿修正

試穿修正的重點

容易活動、穿著舒適,又能讓體型看起來更美麗,應該是最理想的狀態。也因此,在進入真正的縫製階段前,要先假縫,再配合穿著者的體型,進行縐褶、活動量及線條上的修訂,即所謂的修正作業。不管歲數如何,始終都能維持好身材的畢竟是少數,大部分的人在體型上或多或少都會變得不勻稱。修正的目的不在一味追求合身,如何美麗的修飾體型,或讓穿的人看起來比例完美,才是修正的最大目的。

作業重點包括:

(1) 適當量身。

有時過分的合身,反而會更加暴露身材上的缺點,所以先如圖①了解什麼是人體的完美比例是很重要的。

(2) 掌握體型特徵。

即使量身取得尺寸,但因為生活環境及遺傳等因素,會出現即使尺寸相同,但身材有圓筒形、橢圓形等差別。可在全身鏡前站好,觀察一下自己的正面、背面及側面,試著掌握體型上的特徵,對於設計出適合自己的款式,會有很大的幫助。此處列舉幾個簡單的檢查重點。

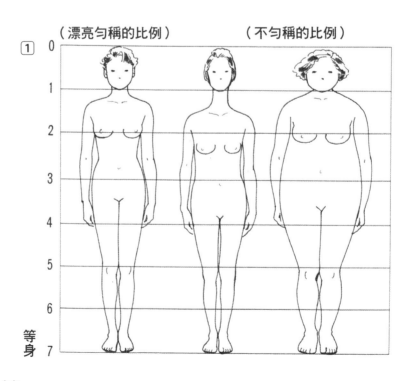

（漂亮勻稱的比例）　　（不勻稱的比例）

①

等身

參見P.2的成年女性尺寸表。

● **胸圍和腰圍的比例**

18歲至24歲＝差20至22cm

25歲至39歲＝差18至19cm

40歲以上 ＝差16至17cm

● **胸圍和臀圍的比例**

不分年齡約為4至6cm（臀圍較大）

● **從側面看胸圍和臀圍的比例**

整體而言，有腰身的人穿衣服比較有立體感，看起來比較漂亮。外國女性的體型從側面看像個錢幣符號或S型，如圖②。

②

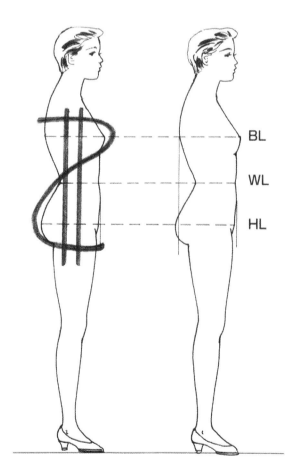

BL

WL

HL

● **正面的平衡**

從正面看，連接左右肩端的線大於前臀寬度，如圖
③，這樣的比例是完美的。

a 前肩寬＝3.5
b 前腰寬＝2　　　完美比例
c 前臀寬＝3

不過，擁有這樣的比例的人是少數，所以才
需要透過設計來掩飾缺點，讓整體看起來更
漂亮。

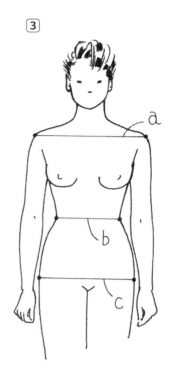

③

a

b

c

（3）調整至正確的基礎。
BL、WL、HL落在縱向高度的哪一個區段，對女裝
來說是相當重要的。例如，在P.24頁圖①的完美體
型中，BP是落在2等身的位置。如果透過內衣將胸
部調到這個位置，就能調整至正確的基礎。

（4）正確著裝。
有句話說「穿衣看肩膀」，假縫好的衣服肩線要能
自然貼合。如果加上墊肩，要確認製圖時的預定尺
寸，與墊肩的實際厚度是否吻合。當然，搭配一雙
能更自然呈現體態的鞋子也很重要。

（5）視動態及靜態的狀況進行修正。
修正作業不只是站在鏡子前試穿，還要能瞄準穿著
者動態及靜態的最美狀態，進行修正，這點至關重
要。
靜態的基本注意要項是，將衣服視為包覆人體的箱
子，注重造型及比例的勻稱，也就是不拘泥於細
節，而是從大格局來進行修正。至於動態，試著一
邊作些常作的動作，例如走路，一邊確認鬆緊度及
功能性好不好。

開始修正作業

製圖後,實際裁布,進行假縫。事先在試穿時容易
要修正的部位加上縫份。

修正時的觀察點:參見下圖④

(1)前中心和後中心是否垂直?

(2)各部位的長度,以及胸部、腰部與臀部的鬆緊
度合適與否?

(3)哪個部位因鬆弛或向上吊起而產生縐褶?狀況
如何?

修正的注意事項

(1)尺寸不足時拆開縫線,追加所需尺寸。尺寸太
大時,抓住多餘部分以珠針固定。要考量活動
量,不要抓得太緊。

(2)曲線部位太緊而出現縐褶或太過寬鬆,有時原
因出在縫份太多,需整理一下多餘的縫份。

(3)女裝原則上以右衣身進行修正。

(4)以珠針固定時,注意不要扎到裡面的衣服或身
體。脫下時也要先確認珠針有無留在裡層後再
脫下。

修正後

進行紙型修正。重新畫上修正線或合印記號,修訂
紙型。紙型的修訂方法如後續數頁的說明。

正　面　　　　　　側　面　　　　　　背　面

④

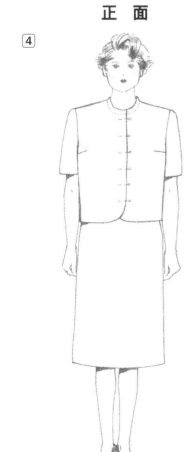

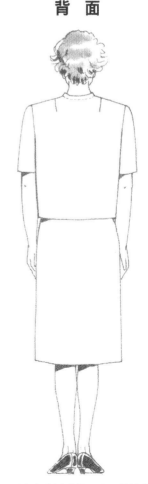

珠針…固定布或紙型的工具,前端有一顆珠子。

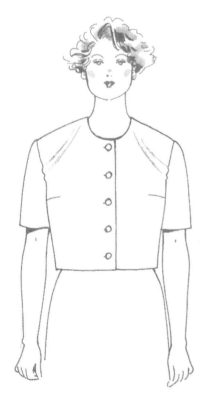

聳肩

肩部的尺寸太窄,使肩部外端朝向中心位置出現橫向縐褶。修正方法是拆開肩部的接縫線,直到縐褶消失,並放大前後肩的縫份。但如此一來,袖襱會變得太寬,所以袖下也要比照肩部拉高的尺寸向上拉,使袖襱盡量接近原本的尺寸。

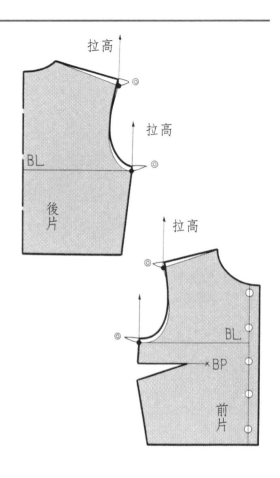

垂肩

肩部多餘的部分,在肩部往腋下的位置形成斜向的縐褶。修正方法是抓住肩部的縐褶,以珠針固定,將多餘的部分在紙型上向下移。但考量活動量,盡量不要過度下移。

另外,下移修改後的肩線會使袖襱縮小而變得太緊,所以肩部下移(修剪)多少,袖下也要跟著下移多少,使袖襱盡量接近原本的尺寸。

如果垂肩的狀況嚴重,可加上墊肩,將肩線墊高到一般的比例。

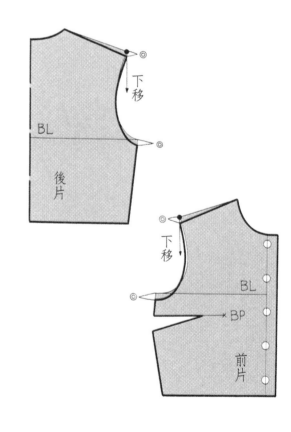

肩部接縫線向後偏時

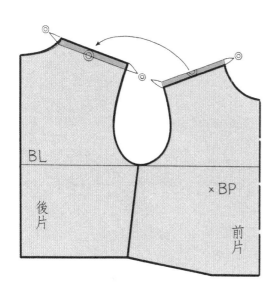

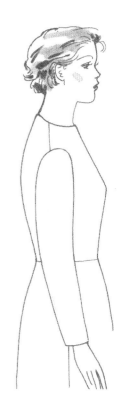

將後肩線要前挪的尺寸，標示在前肩線後剪掉，重新與後肩線合併接縫，肩線就會挪至正常位置。

肩部前傾體型

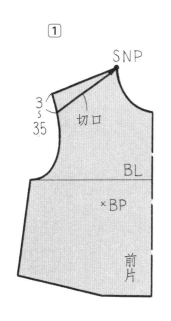

① SNP

切口

3～35

BL

×BP

前片

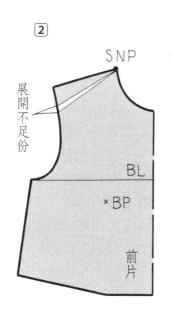

② SNP

展開不足份

BL

×BP

前片

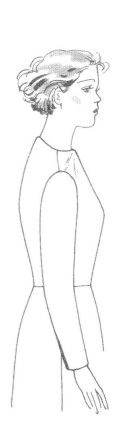

從肩關節或鎖骨至肩峰擠出的縐褶，可如圖①朝SNP（側頸點）剪開，再如圖②追加不足的部分。

鎖骨⋯連接脖子下方和肩膀、呈S形的長骨頭。肩峰⋯肩關節的位置，在肩脖的外側。

駝背或背部渾圓時（貓背）

俗稱貓背的圓弧背。由於BL（胸圍線）向上的部分比較長，背部也稍寬，所以修正時要增加背長，並放大寬度，讓肩胛骨的位置略呈圓形。圖①—**a**·**b**是只需背中心拉長、放大肩褶，以符合胛骨稍渾圓的體型。

若有必要將整個後衣身拉長，就如圖②從肩線到BL的中間位置剪開，連袖襱也一併放大。除非背部鼓得比較厲害，才將肩褶放大，否則肩部可以維持原樣。袖子也如圖②—**b**裁開，追加相同的尺寸。

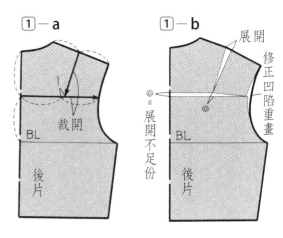

①—a

裁開

BL

後片

①—b

展開

修正凹陷重畫

◎=展開不足份

BL

後片

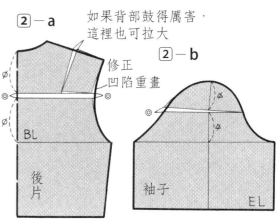

②—a

BL

後片

如果背部鼓得厲害，這裡也可拉大

修正凹陷重畫

②—b

袖子

EL

後領圍後傾不服貼頸部時

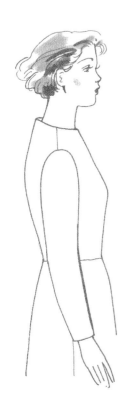

修正的方法有兩種。

一是如圖①領圍太大時，將多餘的尺寸從SNP（側頸點）水平朝內移動，以縮小領圍。另外為維持背部的寬度不變，SP（肩點）也按相同尺寸水平向內移動。

二是如圖②當背中心及後衣身的長度不夠時，就拉高這兩處追加不足份。

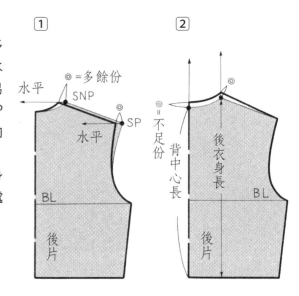

①

◎=多餘份

水平

SNP

SP

水平

BL

後片

②

◎=不足份

不足份

背中心長

後衣身長

BL

後片

後衣身太長或肩部不順而出現橫向縐褶時

①肩部外側不順而出現橫向縐褶時

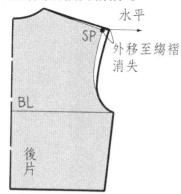

②—a 後衣身過長而出現橫向縐褶時

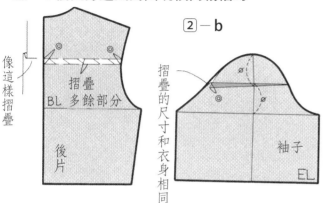

原因之一是肩寬或背肩寬過窄使肩部擠出縐褶。如圖①將SP（肩點）水平朝外側移動，直到縐褶消失。袖襱線也跟著外移修順，增加背寬。

另一個原因是後中心過長而在BL（胸圍線）的上方出現多餘的橫向縐褶，可如圖②—a水平摺疊多餘份，再比照圖②—b修正袖子。

①肩部外側不順而出現橫向縐褶時

②後衣身過長而出現橫向縐褶時

後領圍出現橫向縐褶

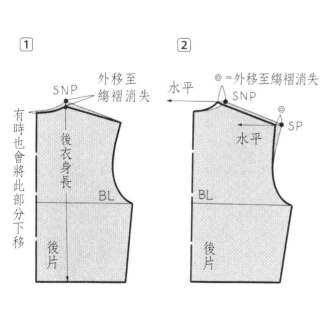

這樣的問題也有兩種修正方法。

圖①是在SNP（側頸點）的比例太高，即後衣身過長時的修正。將SNP向下移，直到縐褶消失。另外，為維持肩寬不變，SP（肩點）也朝內側水平移動相同尺寸。

圖②是領圍過大時的修正方法。將SNP水平朝內側移動，直到縐褶消失。另外，為維持肩寬不變，SP（肩點）也朝內側水平移動相同尺寸。

SNP（側頸點）及SP（肩點）等縮寫參見P.8。

① 胸部較高時

② 胸部較低時

胸部較高及較低時

胸部較高時
隆起的胸部將衣身向上拉，使得乳尖點至腰部出現斜向縐褶。將脇邊拆開，放大褶份直到縐褶消失，再以珠針固定。接著如圖①在紙上訂正，將褶份放大、增加前衣身長度。

胸部較低時
相對於胸部較高，反而是因褶份太大，使得靠近脇邊兩側出現多餘縐褶。將脇邊拆開，抓起多餘的褶份，直到縐褶消失。再如圖②在紙上訂正，將褶份減少、縮小前衣身的長度。

不論①或②，都要修改鈕釦的間距。

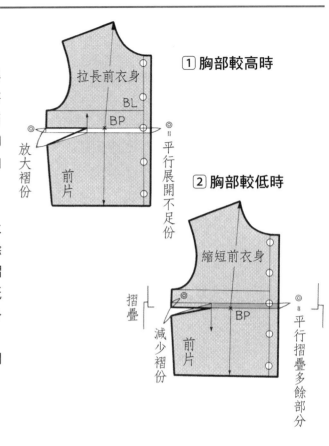

① 胸部較高時

② 胸部較低時

① 前中心交疊時

② 前中心未閉合時

前中心交疊或未閉合時

交疊和未閉合是兩個相反的狀況，交疊是如圖①因前衣身不夠長而引起，未閉合則是如圖②原因出在前衣身太長，不管是一種，都要將BL（胸圍線）調成水平，而且SNP（側頸點）拉高或下移的尺寸，記得FNP（領圍前中心線）也要比照此一尺寸拉高或下移，使前領圍維持原來的尺寸與形狀。

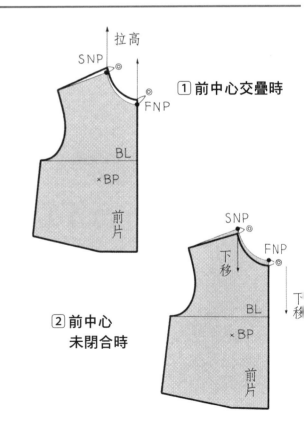

① 前中心交疊時

② 前中心
未閉合時

　短外套等前中心交疊時可參見P.18・P.19。

自兩邊的頸點出現縱向縐褶時

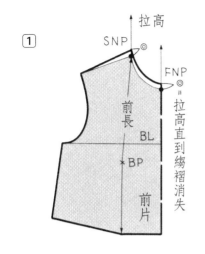

① 拉高
SNP
FNP ◎＝拉高直到縐褶消失
前長
BL
★BP
前片

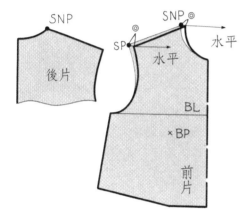

② SNP
後片
SNP ◎
SP 水平
水平
BL
×BP
前片

有兩種原因會導致這樣的狀況。

前衣身不夠長時，修正方法為圖①將SNP（側頸點）拉高到縐褶消失為止。若得FNP（前頸點）沒有修訂，會造成前領圍變大，所以記得FNP也要同尺寸的拉高，以維持前領圍原有的尺寸與形狀。

另一種是如圖②水平朝移動SNP，縐褶就會消失。後衣身的SNP則維持不變。

前領圍鼓起時

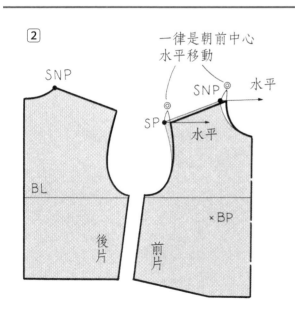

② SNP
一律是朝前中心水平移動
SNP ◎ 水平
SP 水平
BL
×BP
後片
前片

這是前衣身的SNP（側頸點）位於外側，或鎖骨等關係而出現的縐褶。

此時可如圖示，將前衣身的SNP水平向內移動，而為維持肩寬不變，SP（肩點）也同步水平移動。後衣身的SNP則維持不變。

手臂的功能與袖子的結構

手臂的功能

《向內旋轉與向外旋轉》

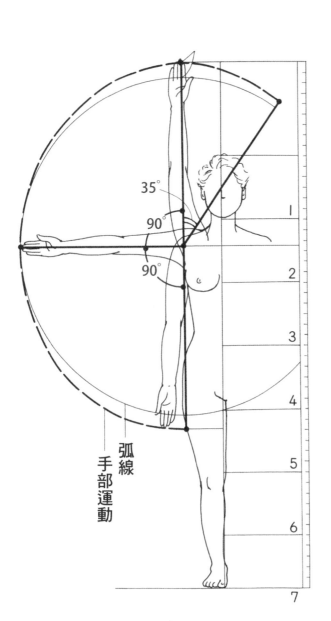

35°
90°
90°

1
2
3
4
5
6
7

弧線
手部運動

《舉高與向外旋轉》

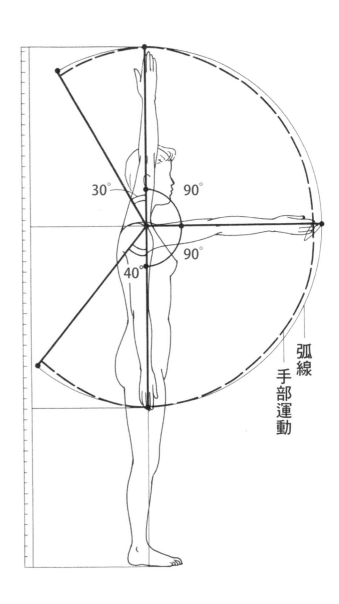

30°
90°
40°
90°

弧線
手部運動

參考資料：《服裝解剖學筆記》草野昌世著（文化出版局）

雖然統稱為袖子，事實上有細長柔軟，或寬大蓬鬆，樣式多到難以勝數。可以說有衣身才有袖子，有身體才有手臂，如下圖及前一頁的圖示，手臂可說是身體各部分中，動作最多且經常處於「動」的狀態。

從這個角度思考，袖子必須要兼顧靜態的感性美，及動態的機能美。這也是設計上最大的樂趣。

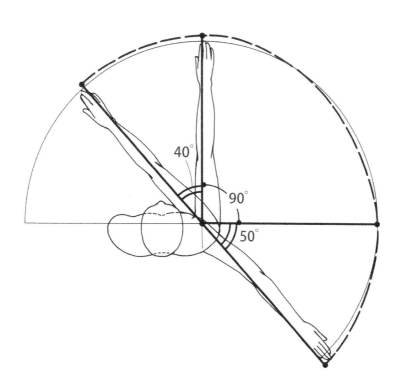

基本袖的畫法（文化式）

袖子的原型是以手臂為基礎，考量鬆度及緊度後縫成一片袖子。以布尺或D彎尺正確丈量衣身原型的袖襱尺寸（圖①的**A**至**B**之間），作為必要的袖襱尺寸。

接著依②、③、④的順序製圖，到將如圖⑤的完成狀態，複寫袖襱的內袖側線。

由於袖子原型的袖襱線含縮縫量，所以先標上合印記號，以便在接縫袖子時有所依據。衣身的合印記號尺寸前後均加上2mm後，標示在袖山上，一邊縮縫一邊接合上袖子，袖子就會變得舒適好穿。袖山點則是對準衣身的SP（肩點）後接縫。

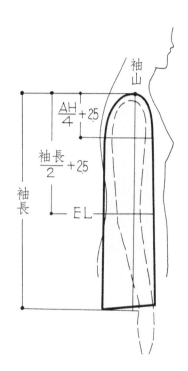

① A 至 B＝袖襱尺寸
　　　　（AH）

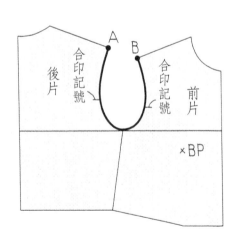

② 必要尺寸 ⎰後 AH・前 AH
　　　　　　⎱袖長

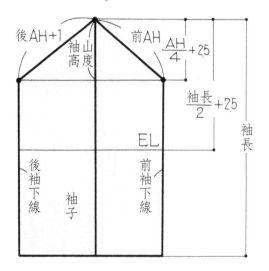

彎尺⋯曲尺的一種，為描繪袖襱或領圍等而設計出來的。

③

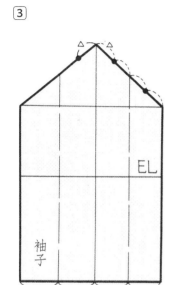

④

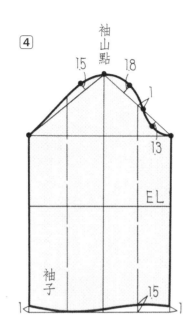

⑤

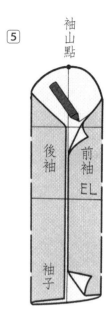

⑥

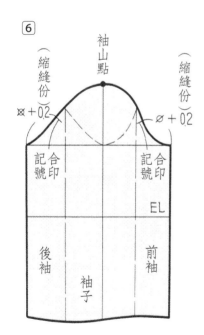

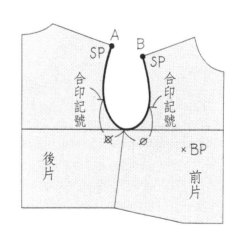

衣身原型的畫法參見P.2。

功能性與活動量的關係

基本接袖的功能與活動量的關係，如圖1的基礎袖，是以袖長中的
袖山高度（長度）與袖下尺寸的比例變化作決定。

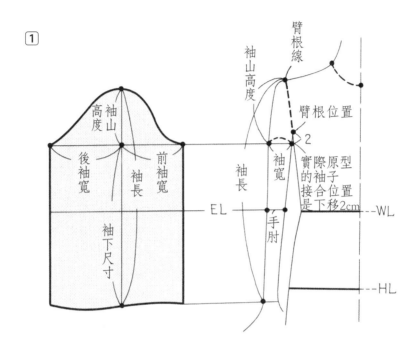

圖1是將接合袖子的袖襱挖深，使袖洞變大。因為袖山會變高（變
長）、袖下變短，功能性稍降低，是適合套裝的袖型。

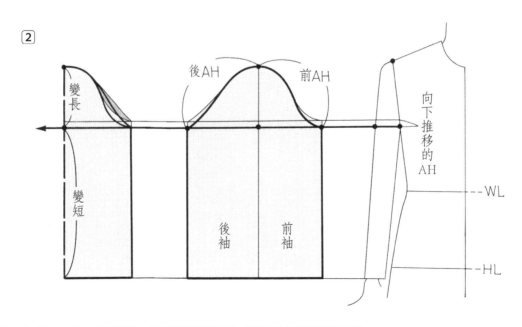

基本接袖（Set-in Sleeve）…也稱圓袖，泛指將袖子接合在正常袖襱位置的固定袖形。

圖③是接合袖子的位置不變，但衣身變寬加寬鬆的袖洞。因為袖山的高度與袖下尺寸均維持不變，功能性和基礎袖相同，只是袖子變寬了。

③

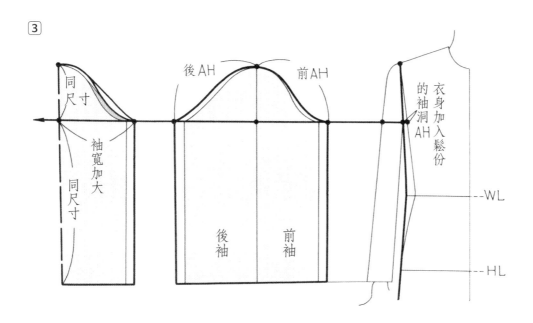

圖④是接合袖子的位置不變，為增加時尚感而放入墊肩等，使SP（肩點）變高，AH變大。因為袖子的袖山變高（變長），袖下尺寸相同，功能性與基礎袖相同。

④

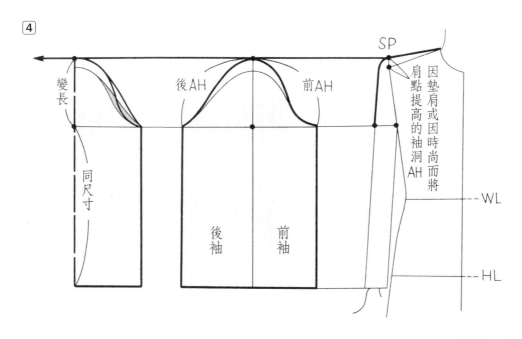

功能性與活動量的關係

圖⑤是接合袖子的位置不變，但如圖示在手臂稍微提高的狀態下呈現漂亮線條。因為袖山變低（變短）、袖下尺寸變長、袖寬加大，適合作為活動量大的運動服袖型。

實際作業時，將②至⑤當作基礎，再根據不同服裝的不同功能及設計剪裁等來決定袖型。

如以上說明的，**袖子的袖長＝袖山尺寸＋袖下尺寸**，袖山尺寸與袖下尺寸的各種長短組合變化，使得袖子變寬或變窄（參見圖⑥）。

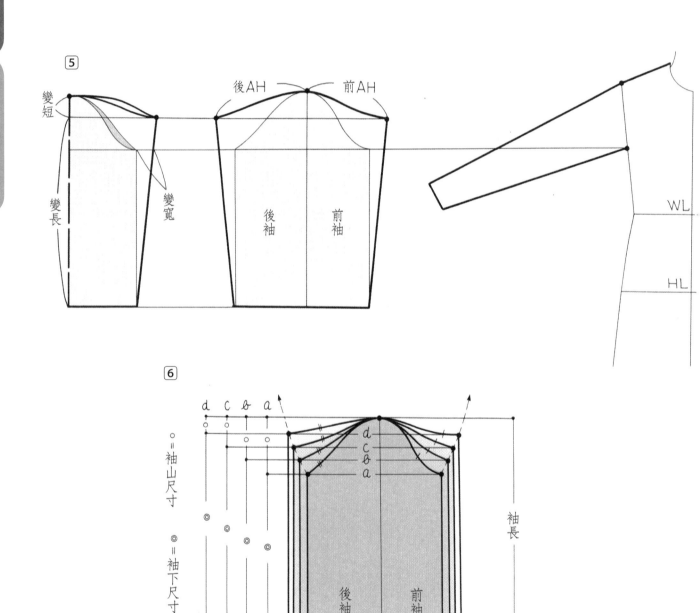

參見P.36・P.37的基礎袖。

確認袖山適當高度的方法

袖子有時無法一次接合到衣身，或接合的不漂亮，都讓人很煩惱。會發生這樣的問題，很少是因為縫製技巧不好，原因幾乎都出在未好好確認衣袖和衣身的比例。

以基礎袖為例，確認重點包括袖山的高度、縮縫量與其分配方式。

確認袖山高度的方法有①和②兩種。如圖示，①的方法是分別連結**A・B**，以及**C・D**，自兩圓弧線交叉點**E**向下拉至**F**，在**E・F**之間定出適當的袖山高度。

方法②是以**A**為基點，以**A・B**的距離為半徑畫圓，再以**C**為基點，以**C・D**的距離為半徑畫圓，自兩圓弧線交叉點E點向下拉至**F**點，在**E・F**之間定出適當的袖山高度。這兩個方法定出的袖山高度幾乎是一樣的。

接著就以③－**a**的適當袖山高度，描繪如以③－**b**的基本袖款，就會是比例良好的袖子。

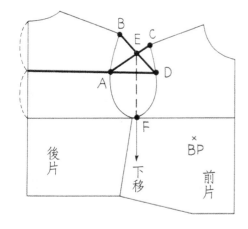

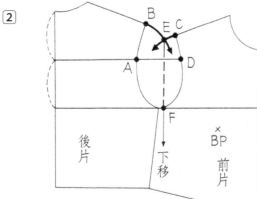

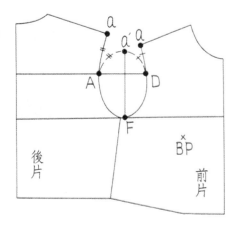

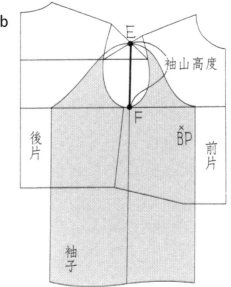

圓弧線可以圓規來畫。　41

適當的縮縫量與其分配方式

不同的素材，所需的縮縫量也不同，可參考④的表，丈量衣身的袖襱及袖山的長度差距後，確認需要多少縮縫量。

至於縮縫量的分配方式，則如圖⑤所示，衣身與袖子的袖下前後每5cm當成同一曲線複寫，再如圖⑥，於袖子的合印記號處增加2mm的縮縫量，這樣就會變得很好穿。

袖山的縮縫分配如圖⑥所示。當袖山的形狀太粗時，有時會調成前後袖的縮縫份各占1/2，或根據袖山線的形狀微調。

《不同素材的縮縫份參考表》

④

素　材	縮縫份
薄棉布	2至3cm
一般棉布	3至4cm
厚棉布	
薄羊毛	
一般羊毛	4至5cm
厚羊毛	

⑤

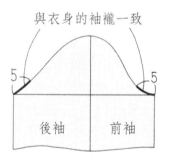

⑥

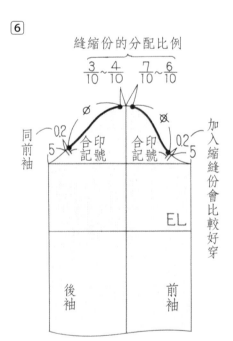

斜布條…相對於經緯線呈90°交叉的斜向剪裁。布面紋理呈45°斜角的稱為正斜布。

⑦

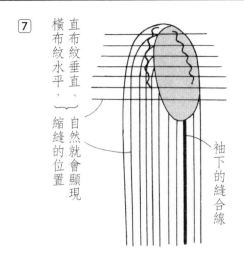

直布紋垂直、橫布紋水平，（──）縮縫的位置

直布紋垂直、橫布紋水平，（──）自然就會顯現

袖下的縫合線

在接合袖子時，如圖⑦，直布紋保持垂直、橫布紋保持水平，布片本身自然就會顯示需要縮縫的位置。只是，有效縮縫部分是布面呈斜向的位置，而袖山點全部是橫布紋，縮縫效果不佳，就不要太勉強，否則會出現縐褶，要特別注意。

定出分配量及位置後，接下來是利用袖饅頭或燙馬的圓形部分，以指尖在縫份上沾少許的水，使用熨斗尖端或邊緣，小心的熨燙縮縫的部分，直到縐褶完全消失，布面平貼為止。

另外，與設計線或體型無關，衣身的袖襱線有許多曲線，容易產生伸縮，導致衣服變形，可像圖⑧－a或⑧－b，利用一些止伸技巧來有效防範。

如果能熟悉前述的確認重點，就可以又快又輕鬆的接合出漂亮的袖子。

⑧－a

疏縫上止伸斜布條

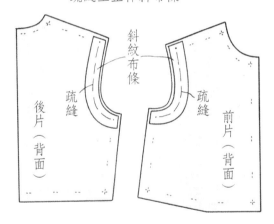

斜紋布條

疏縫

疏縫

後片（背面）

前片（背面）

⑧－b

黏貼黏著襯

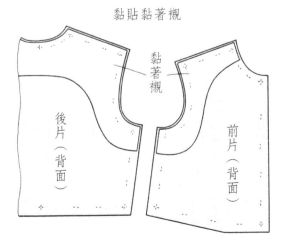

黏著襯

後片（背面）

前片（背面）

試穿前的紙型確認

合身袖的結構

圖①是基本的合身袖製圖，但因為它是平面的，要縫合成立體狀的袖子時，很自然會出現一些問題，所以還必須經過圖②·③·④的調整，確認可以正確的組合成立體狀。

確認方法是先將紙型複寫到胚布上，再如圖②將前後袖的袖寬各自分成2等分，找出褶線的位置，前袖下是直線延伸。

接著如圖③，試著將前袖摺成完成後的樣子，在袖下尺寸的袖口側追加不足的尺寸。後袖也如圖④摺好，前後袖下尺寸如有差距，可以加上褶子加以修訂。如圖示，有（a）和（b）兩種方法。

（a）是將差距全部以褶子處理的方法，（b）是2/3以褶子處理，1/3進行縮縫。要採用哪種方法，視衣服的款式而定。

最後如圖④，在袖山位置對齊前後袖後，剪去後袖多餘長度，並追加袖口側不足的尺寸。紙型經過以上的修正，縫合成立體狀的袖子時，就不會變形不順了。

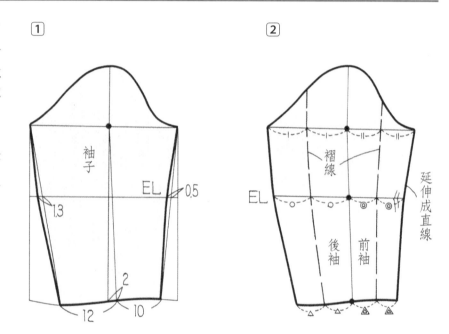

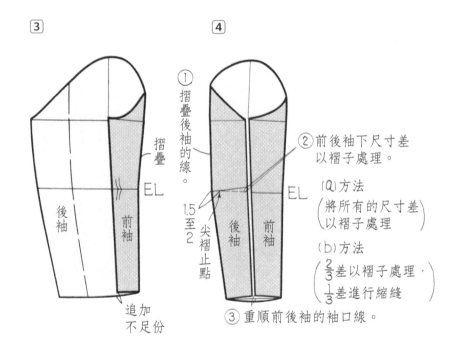

胚布…平織棉布，常用於假縫。

一片半袖與應用款

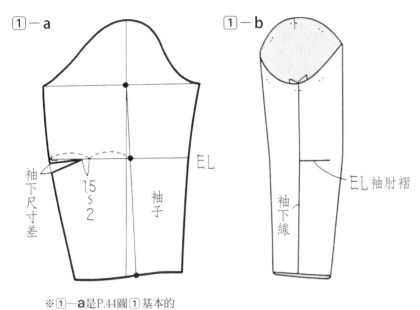

1－a

1－b

袖下尺寸差

1.5～2

袖子

EL

EL 袖肘褶

袖下線

※1－a是P.44圖1基本的合身袖製圖。

若能事先掌握如何活用一片袖的袖肘褶，在製作上會方便很多。

1－a為基本的合身袖製圖（參見P.44），1－b是完成圖。

所謂活用尖褶，意指依設計感或造型將尖褶轉移至喜歡的位置。此處要介紹的是最常使用的一片半袖（圖2）及它的應用款（圖3）。

圖2的一片袖，先比照2－a裁開袖口、摺好尖褶，在袖口展開一個寬5cm的尖褶，將袖下的褶份轉移至袖口。少量殘留的袖下褶份就以縮縫處理。（參見2－b）

2

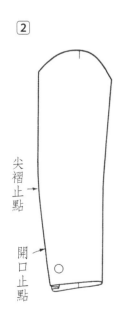

尖褶止點

開口止點

2－a

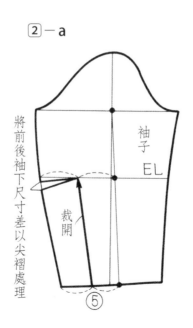

將前後袖下尺寸差以尖褶處理

裁開

袖子

EL

⑤

2－b

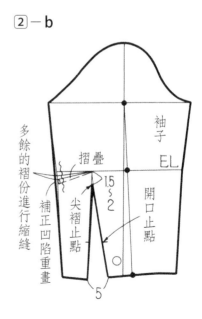

多餘的褶份進行縮縫

摺疊

補正凹陷重畫

尖褶止點

袖子

EL

1.5～2

開口止點

5

※2－a是P.44圖1基本的合身袖製圖。

圖③是應用款，比照③－**a**摺好褶份，再於袖口裁開一個7至8cm寬的尖褶，再如③－**b**視設計作變化。

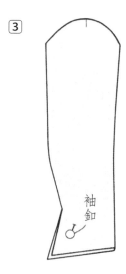

③

袖釦

③－a

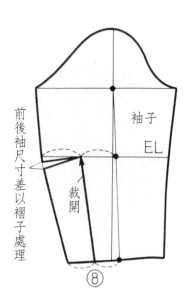

前後袖尺寸差以褶子處理

袖子

EL

裁開

⑧

③－b

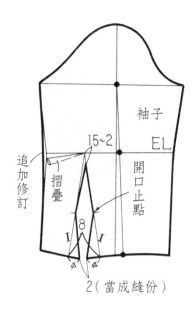

追加修訂

15~2

摺疊

袖子

EL

開口止點

8

2（當成縫份）

※③－**a**是P.44圖①基本的合身袖。

袖釦…兩顆釦子背對背成花鼓狀，穿入釦洞後，兩邊各有一顆釦子。

縐褶袖有圖①・②・③・④四種不同款式。
圖①是僅少量縐褶或活褶的袖型。圖②是在肘
線加些裝飾線條的袖型。圖③是縐褶與活褶稍
多，裝飾位置上移到**A**點。圖④是加了很多縐
褶，通常應用在薄且軟的素材上。隨著袖長追
加膨起部分，前後袖山線就不會呈水平狀。
關於各種袖型的作法請參見下頁。

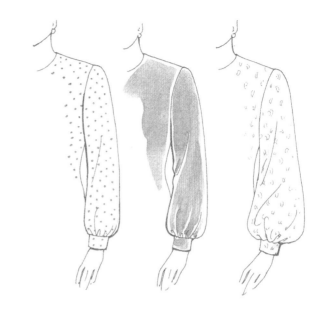

①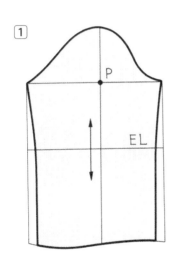

②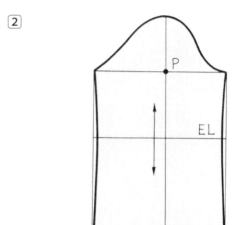

③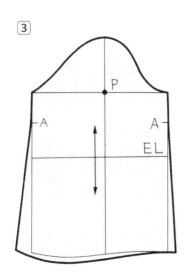

④

重畫的袖山線

原本的袖山線

追加膨起份

縐褶袖…袖山或袖口加入縐褶而膨起的袖型。

美麗的縐褶袖

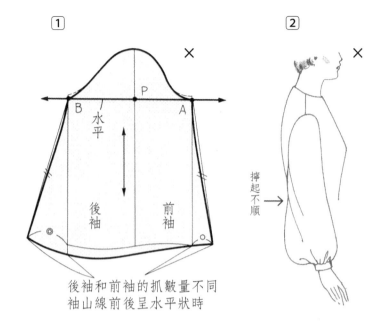

① ×

② ×

B 水平 P A
後袖 前袖

撐起不順 →

後袖和前袖的抓皺量不同
袖山線前後呈水平狀時

縐褶袖是指在袖口側抓皺，使
袖子膨起，散發優雅氛圍的袖
型。如果是依照原本平面描繪
的圖①進行假縫，縫好的袖子
會像圖②般撐起不順，無法展
現縐褶袖的效果。

比照下方的作法，在描繪平面
圖時就一邊思索並想像立體化
後的模樣，可以更快更正確地
完成紙型。

圖③的基礎袖先如圖④、⑤依
喜好決定好袖口尺寸後，再如
圖⑥決定縱向的膨起量，製作
袖口線。

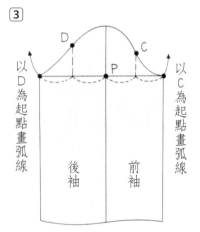

③

D P C
以D為起點畫弧線
以C為起點畫弧線
後袖 前袖

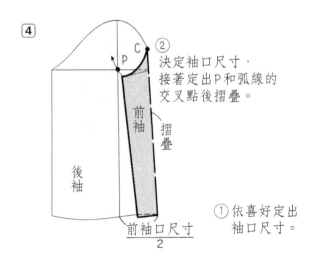

④

P C ②
決定袖口尺寸，
接著定出P和弧線的
交叉點後摺疊。

前袖
摺疊

後袖

① 依喜好定出
袖口尺寸。

前袖口尺寸
2

縐褶袖…指鼓起、膨起的袖型。

最後是如圖⑦檢查與衣身的關係，圖⑧則是完成的樣子。袖口的前綴褶份○和後綴褶份◎不等量時，前後袖的袖山線不會是一條水平線，後袖會稍高。

這個紙型的製作有以下三個重點：

（1）可以一邊確認完成狀態、樣式及膨起量，一邊畫圖。

（2）已因應立體化作調整，所以實物作品也能如預期呈現，可避免綴褶袖經常碰到歪曲不順問題。

（3）可以一邊製作，一邊進行紙型確認。

⑤

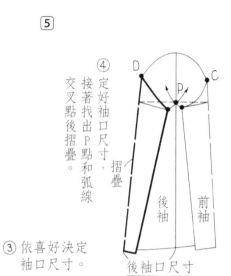

④定好袖口尺寸，接著找出P點和弧線交叉點後摺疊。

③依喜好決定袖口尺寸。

後袖口尺寸 / 2

⑥

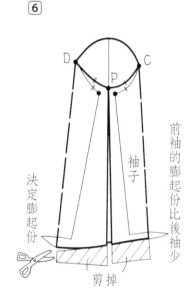

前袖的膨起份比後袖少

決定膨起份

剪掉

⑦

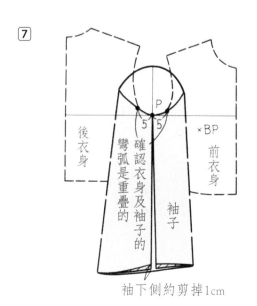

確認衣身及袖子的彎弧是重疊的

袖下側約剪掉1cm

⑧ 前後袖不呈水平狀

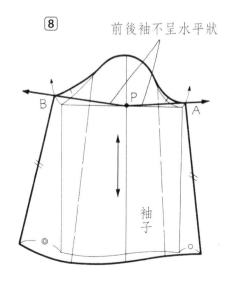

裁開袖山的方法

衣身與袖子的袖襱線關係，當袖子的平面圖立體化後，應該如圖①，衣身與袖子在 **A·P·B** 的位置是重疊的。

即使是為了加入縐褶或縫褶而裁開，也不能改變這個角度，這點很重要。

如果在圖②的位置裁開展延，就會如圖③改變重要位置的角度，進而使得衣身與袖子在 **A·P·B** 之間的位置並未重疊，無法漂亮的接合上袖子，由此可知這並不是一個好作法。

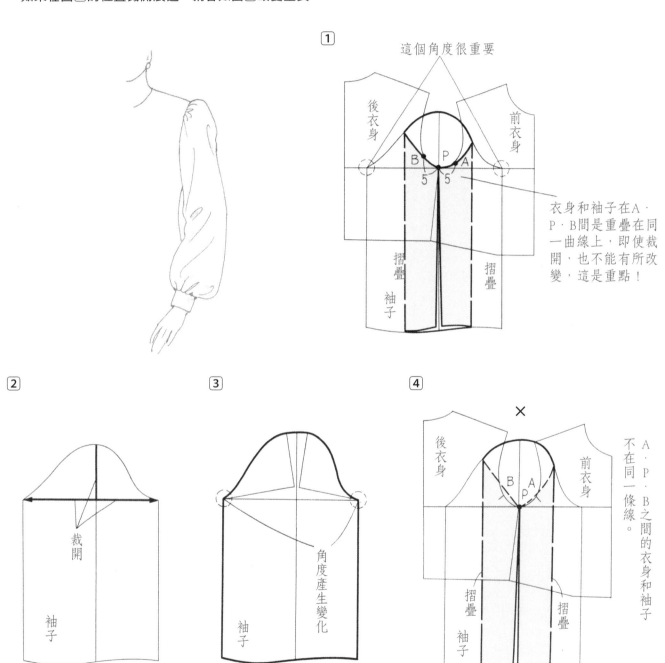

① 這個角度很重要

後衣身　前衣身

B　P　A
5　5

摺疊　袖子　摺疊

衣身和袖子在A·P·B間是重疊在同一曲線上，即使裁開，也不能有所改變，這是重點！

② 裁開　袖子

③ 角度產生變化　袖子

④ ✕

後衣身　前衣身

B　A　P

摺疊　袖子　摺疊

A·P·B之間的衣身和袖子不在同一條線上。

裁開⋯為了加入縐褶或縫褶，在紙型上裁開、展延。

如果在圖⑤的位置裁開，就會如圖⑥不動到重要位置的角度，使衣身與袖子在 **A・P・B** 之間重疊，順利接合袖子，可知裁開的位置是適當的。

圖⑥是只在袖山的中心點裁開展延，亦可如圖⑧

一樣以**P**點為基點裁開多處，每處都展延一點尺寸，結果如圖⑨所示，這也是一個能輕鬆修訂重畫袖山線的方法。

⑤

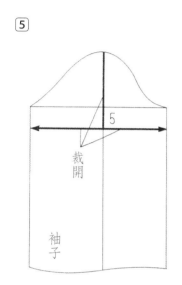

⑥

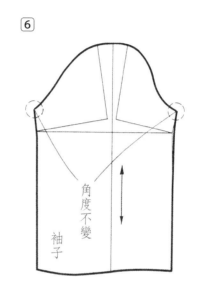

⑦

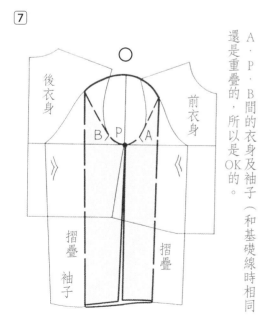

A・P・B間的衣身及袖子（和基礎線時相同）還是重疊的，所以是OK的。

⑧

⑨ 後袖裁開尺寸＝○
前袖裁開尺寸＝◎

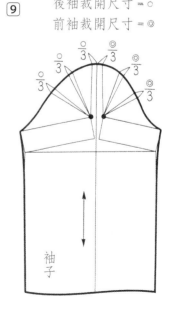

決定袖口樣式與袖口開口位置的方法

決定袖口開叉位置的方法

若想簡單縫製,可如**a**直接利用袖下縫合線。若是為增加裝飾效果,而如**b**在袖山開口,也可像**c**開在可自外袖側看到的位置,或將開口當成縫褶的凸褶,再縫上袖口布隱藏起來。

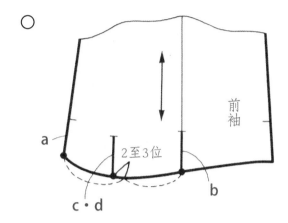

袖口開口的尺寸

配合袖口布的大小決定開口尺寸,大約4至6cm。為方便熨燙或處理,有的開口甚至達10cm左右。袖口開口的方向要順著布紋,如**d**所示。如果像**e**一樣未順著布紋,車縫時布料容易延展,日後也容易綻線,要避開這種情形。

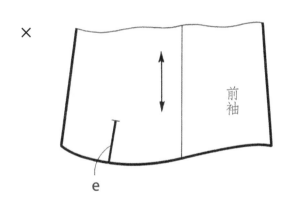

袖口的樣式

可抓皺或作成活褶。袖口通常是像**f**以袖口布夾住袖子,或比照**g**的作法。**f**給人牢固的運動感,**g**作法則是在素材柔軟且加入較多縐褶時,搭配不同的車縫方法,可以讓膨起的部分看起來更漂亮的技巧。

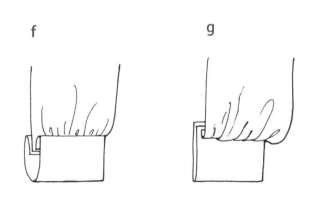

挑選素材和布紋，是能否呈現漂亮波浪袖的關鍵。如圖1一邊想像完成的模樣，一邊描繪袖子的形狀。決定好波浪的褶數與位置後即可裁開展延，但最好不要裁到內側的袖下側。

波浪褶的作法有兩種，如圖2－**a**・**b**所示，但能否隨著不同的動作展現變化之美，才是重點所在，褶數太多或太少，都容易產生變形，並不恰當。

波浪褶的分量在中心側是○，到了脇邊分量縮減至∅，袖下線也變成斜向，加上是會延展的布紋，所以剪掉◎尺寸，防止從袖下往內側垂而露出被看見。

1

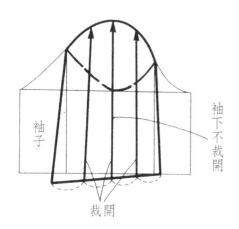

袖子

袖下不裁開

裁開

2－a・b

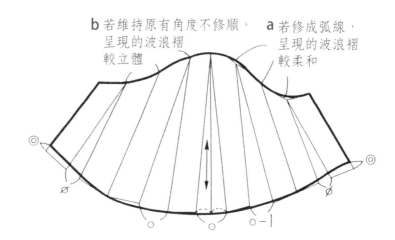

b 若維持原有角度不修順，呈現的波浪褶較立體

a 若修成弧線，呈現的波浪褶較柔和

○－1

◎＝會產生伸縮的布紋，所以剪掉0.7至1cm

∅＝袖山側展開尺寸的$\frac{1}{2}$或$\frac{2}{3}$

兩片袖的畫法（無裝飾開口）

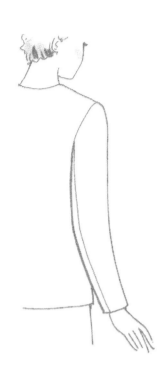

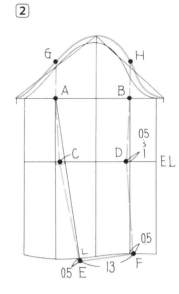

① 1~15

後AH　前AH

A　B

EL

② G　H

A　B

05
1

C　D　EL

L

0.5 E　13　F

0.5

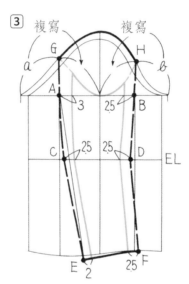

③ 複寫　複寫

G　H

a　b

A

3　2.5　B

C　2.5　2.5　D　EL

E　F
2　2.5

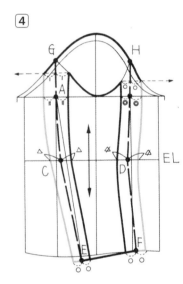

④ G　H

A

C　D　EL

E　F

比起一片袖，兩片袖更能表現手臂的立體感與方向性，是適合西裝與外套等的袖型。

如圖①，自袖山向上1至1.5cm處，往袖山的兩側描繪前後袖的袖襱（AH），當成基礎線。

接著如圖②，畫出具有方向性的袖子輪廓，再如圖③，畫出內袖和外袖的輪廓線。

圖③的袖子沒有裝飾性開口。

如圖④將外袖展開，以曲線畫好完成線，變成可將內袖和外袖分開的紙型，如圖⑤。

⑤

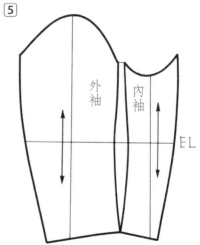

外
袖

內
袖

EL

具方向性的袖子…手臂自然下垂後末端會向前傾斜，方向性袖型將此傾斜考量在內。

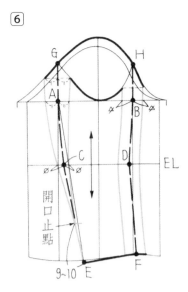

⑥

G　H
A　B
C　D　EL
開口止點
9~10　E　F

⑦

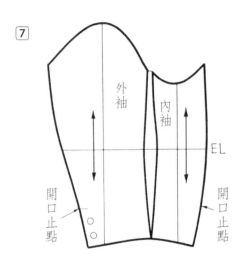

外袖　內袖
EL
開口止點　開口止點

圖⑥是有裝飾性開口的袖型。在後袖側距袖口9至10cm處畫線，並在開口止點的位置作記號。內袖和外袖分開的版型如圖⑦所示。
如果想將上一頁圖③的圖樣轉換成具有功能性的袖子，可如圖⑧增加袖下的長度。

⑧

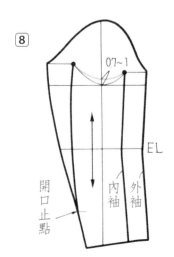

07~1
EL
開口止點　內袖　外袖

兩片袖的應用

圖①是基本的兩片袖的應用款。首先比照圖①－a描繪喜歡的形狀，再如圖①－b分出內袖及外袖，最後如圖①－c畫好曲線及標示縮縫記號等就完成了。

通常說到兩片袖，都是分成內袖及外袖，但也可像

圖②－a，由前袖及後袖兩片組成。這樣的袖型要注意的是，首先前後袖各自在僅在袖山留下5mm的縮縫份，接著描繪袖山線，結果就會如圖②－b般有前袖與後袖。後袖不加袖肘褶，完成如圖②－c的無褶份紙型。

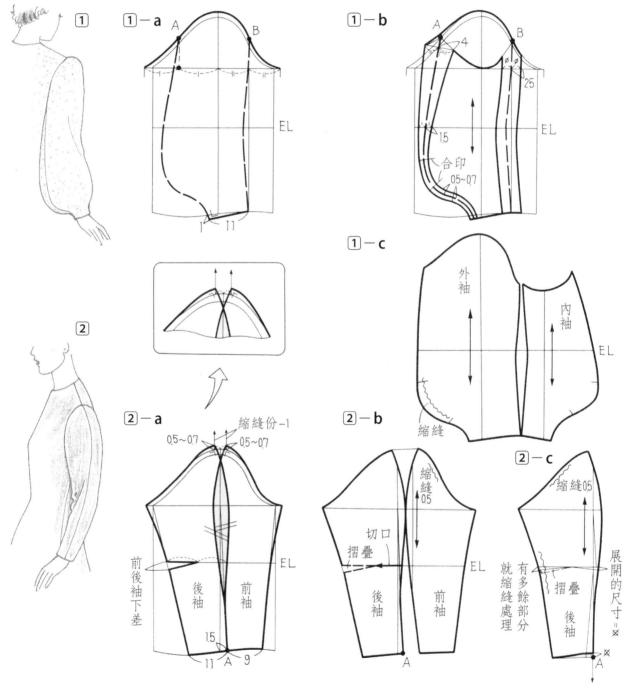

袖肘褶…為配合手臂向下時的形狀，而在手肘突出處加上褶份。

袖子的試穿修正

手臂不易舉起時

袖襱（AH）太低，使得手臂不易舉起，變得不好穿。此時可如圖示，將衣身的袖襱，即胸圍線（BL）向上拉高◎尺寸，再重新畫好袖襱線，袖下線也要一併拉高◎尺寸。同時記得移動衣身與袖子的合印記號。

圖②是衣身維持不動，將袖子的袖下線拉高◎尺寸。以A、B為基準點畫弧線，求出與拉高◎尺寸的線交叉的點，袖山長度不要改變。這樣袖下的尺寸就會變長，效果可媲美在袖下加上襯布，增加功能性。

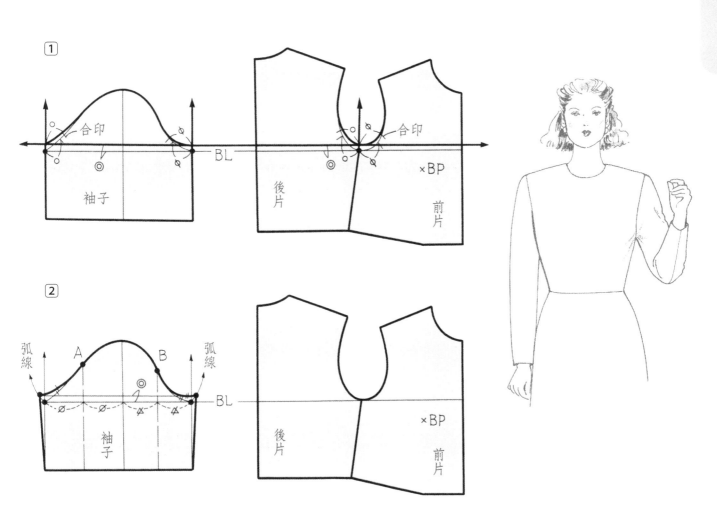

襯布…在脇下或袖襱另外加上一塊布，以提升活動量或當成裝飾。

袖下緊迫而出現縐褶時

袖襱偏高，使得腋下過窄而出現縐褶。此時可如圖示，將衣身的袖襱的底部，即胸圍線（BL）下移◎尺寸，再重新畫好袖襱線，相關連的袖下線也要一併下移◎尺寸。同時記得移動衣身與袖子的合印記號。

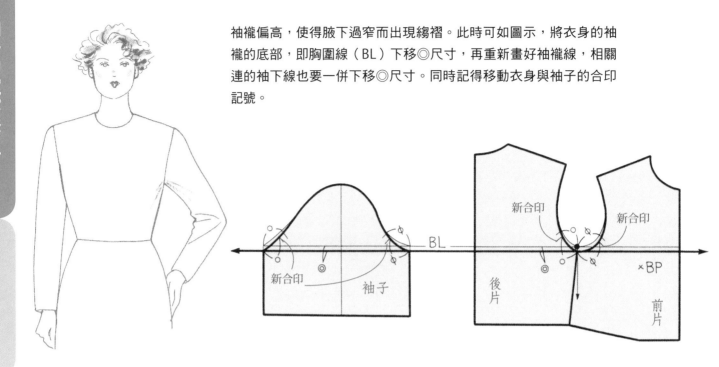

腋下前後出現縐褶時

前後衣身的胸圍不夠寬而出現的縐褶。可在前後衣身的胸圍位置追加不足的尺寸◎，再向下連接到腰圍線。相關的袖子寬度，也追加和衣身一樣的尺寸◎。衣身和袖子都別忘了移動合印記號。

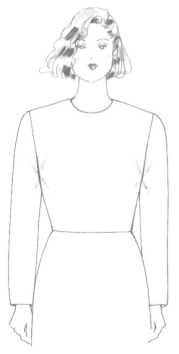

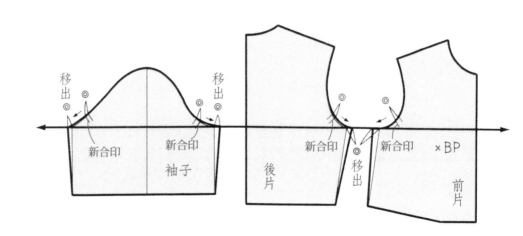

前袖出現斜向縐褶時

因為前肩體型（上手臂的肩部側前傾）而往前擠，使得前袖出現出斜向縐褶。如圖示將袖山點**a**向前方移動，重新修順袖子的接縫線，並於適當位置進行縮縫。

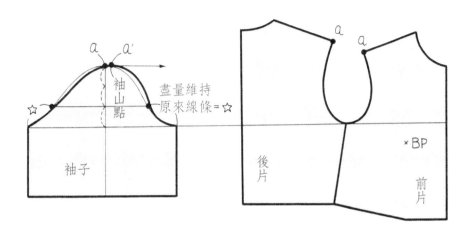
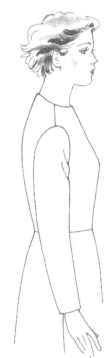

後袖出現斜向縐褶時

由於上臂的肩部向後靠，使得後袖的袖山出現斜向縐褶。如圖示將袖山點**a**往後方移動，重新修順袖子的接縫線，並於適當位置縮縫。

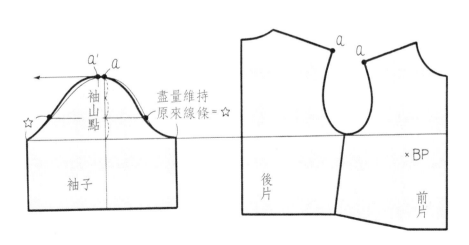
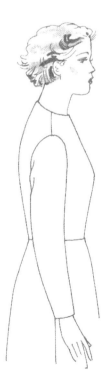

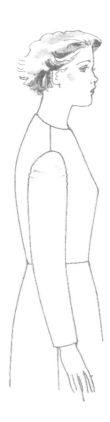

袖山附近出現橫向縐褶時

因為上臂過粗而出現的縐褶。在圖中所標示的位置追加寬度，直到縐褶消失為止。

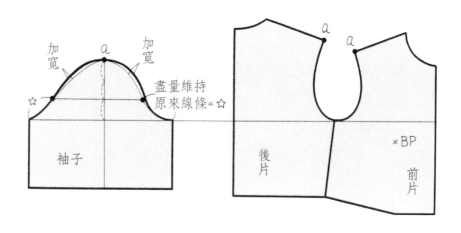

上臂出現放射狀縐褶時

同樣是因為上臂過粗才出現的縐褶。正因為上臂特別粗或突出，所以最好縱向與橫向都如圖示般放大，直到縐褶消失。

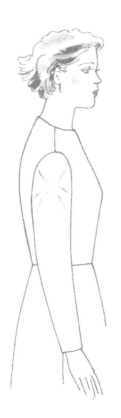

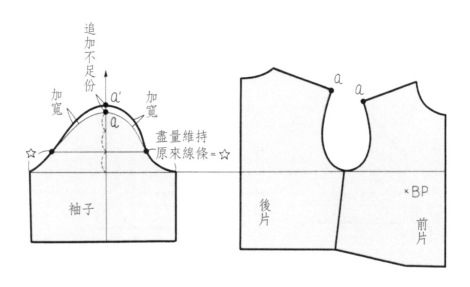

袖山太低而出現八字形縐褶時

因袖山太低而出現的縐褶,可如圖示將袖山提高。前後袖都在1/2袖寬的範圍內進行補正。

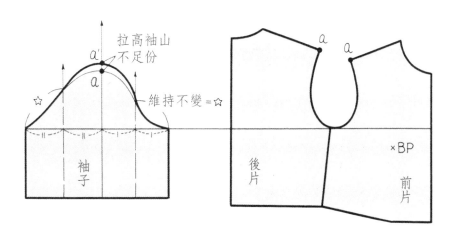

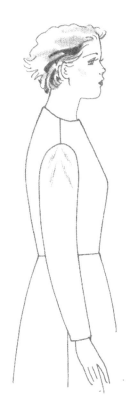

袖山太高而出現倒八字形縐褶時

因袖山太高形成的縐褶。將過長的袖山向下移,直到縐褶消失。前後袖都在1/2袖寬的範圍內進行補正。

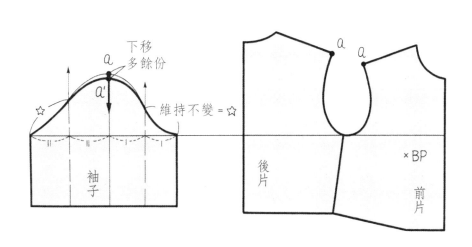

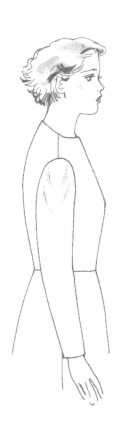

關於袖山的高度,請參見P.41「確認適當袖山高度的方法」。

上臂突出希望將袖子加粗但接袖線不變時

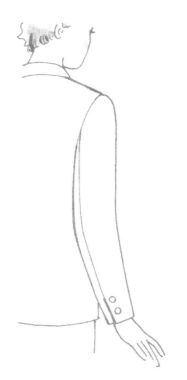

因上臂突出,想將兩片袖的袖子放寬,但又不想改變縮縫份時,如圖①在內袖與外袖剪切口,再比照圖②將切口展開,就可以維持原本的接袖線,又能漂亮的放寬袖子。為增加時尚感而加大袖子時可應用這個方法。

①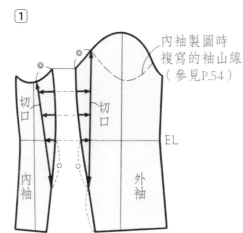

內袖製圖時
複寫的袖山線
(參見P.54)

切口 切口

EL

內袖 外袖

②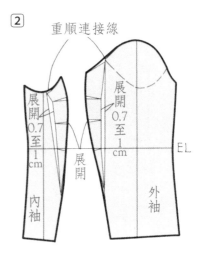

重順連接線

展開0.7至1cm 展開0.7至1cm

展開

EL

內袖 外袖

前腋下緊迫穿起來不舒服時

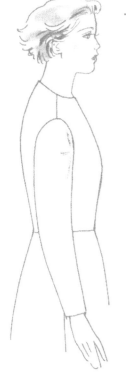

兩片袖因前腋下太緊而出現縐褶,或雖無縐褶但穿起來不舒服時,可如圖①剪切口,再比照圖②少量展開,前腋下就會變鬆、沒有縐褶又好穿。

①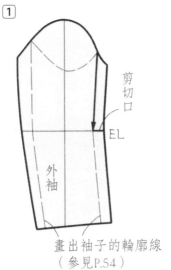

剪切口

EL

外袖

畫出袖子的輪廓線
(參見P.54)

②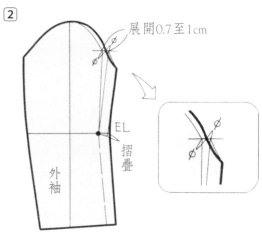

展開0.7至1cm

EL

摺疊

外袖

前腋下點…位於臂根圍線,當手臂放下時,手臂及身體交接處出現縱向縐褶起點,稱為前腋下點。

增減兩片袖縮縫份的方法

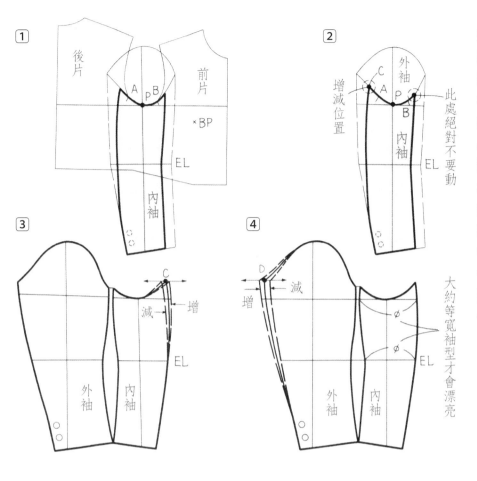

要增減兩片袖的縮縫份，第一階段是在內袖進行。如圖①，A·P·B間的位置如果未和衣身的袖襱重疊，裝上袖子後會變得不好穿。所以圖②的操作不能動到A·P·B的位置。若只是少量增減，可如圖③以內袖的C為中心水平移動，再向下修訂到EL（肘線）為止。內袖則如圖④的說明，BL和EL的寬度若大約相同會很整齊，但修正內袖的結果會使得兩者寬度不一，此時以外袖D為中心水平移動作增減，就能修出好比例。

兩片袖後方的縫合線出現縐褶時

胸部比較高的反身體型，當手臂向後揮動時，袖子就容易出現這類縐褶。如圖①在外袖及內袖的縫合線摺疊多餘部分，再如圖②沿a、b的垂直線順著布紋裁剪。

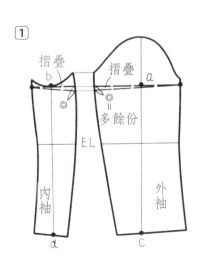

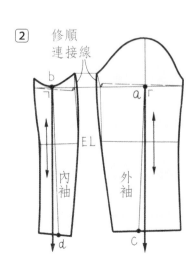

試穿前的紙型確認

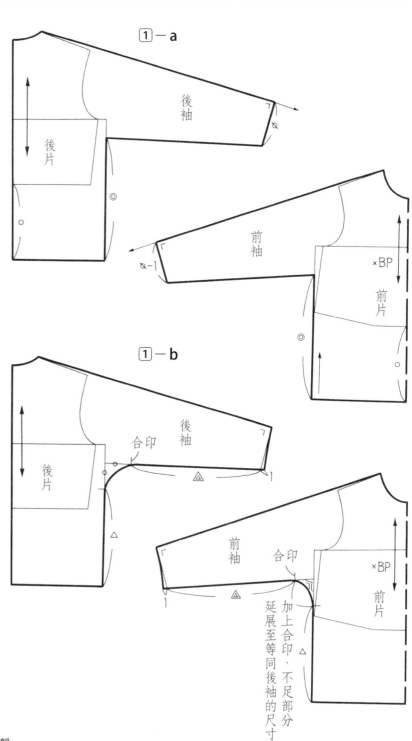

這是最基本的連身袖，必須考量的問題是，如何處理衣身的脇長與袖下長相接時產生的尺寸差。處理方法視相對於前衣身及胸部隆起的前下部分，及肩部傾斜等不同處而定。經整理後有①、②兩種方法。圖①－a、b是不打褶而直接對齊，前脇的尺寸和自下襬向上的後脇尺寸◎相同。前後差的胸部隆起部分，在鬆份中處理。另外，點之間的尺寸差，是在袖下曲線的合印間縮縫不足部分，作出袖子的方向性。

和服袖…無接袖線，袖子直接與衣身相連有如和服般。

圖②—**a**、**b**是摺疊海參狀褶子對齊的方法。在前脇長標示出與後脇長◎相同的尺寸後，剩下的前後差以尖褶處理（參見圖②—**a**）。接著將袖下兩點間的尺寸差摺疊成海參狀褶子，變成一樣長（參見②—**b**）。

②—a

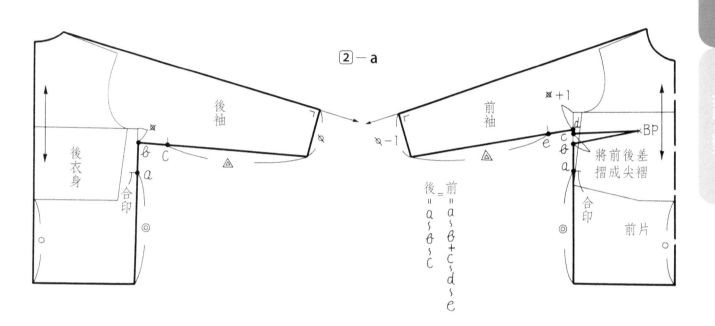

②—b

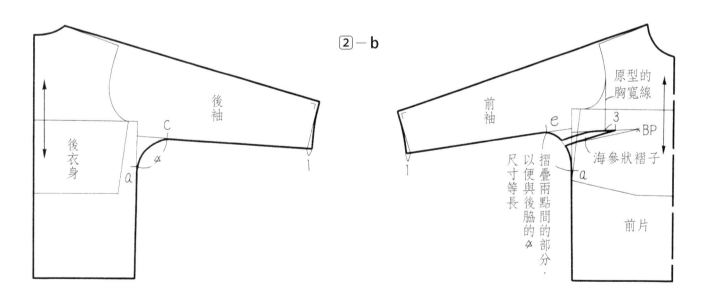

穿起來漂亮有型的短連肩袖

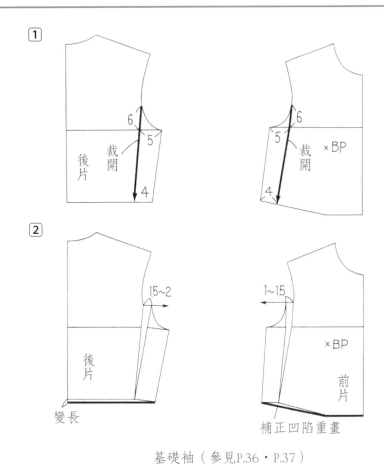

① 後片 裁開 6 5 4

×BP 裁開 6 5 4

② 15~2 後片 變長

1~15 ×BP 前片 補正凹陷重畫

基礎袖（參見P.36・P.37）

③

後AH 前AH $\frac{AH}{4}$+2.5 ◎ 袖子

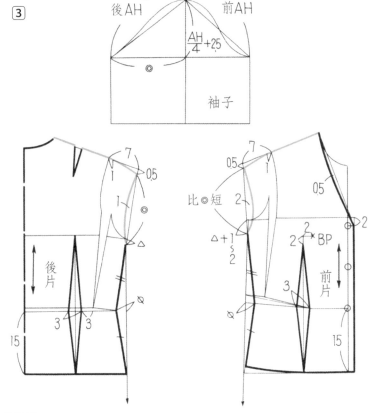

後片 7 1 0.5 1 ◎ △ 3 3 15

前片 7 0.5 1 0.5 比◎短 2 △+1 $\frac{1}{2}$ 2 2 BP 3 ◎2 15

在穿著短的連肩袖（又稱短和服袖）時要讓手臂線條好看，剪裁重點是如圖①從AH裁開原型，再放寬衣身（參見圖②）。如此一來就能充分包覆背面肩胛骨到手臂的部分，顯得很俐落。此外，由於袖口尺寸最好和基礎袖（參見P.36・P.37）的後袖寬度◎相同，所以後衣身的肩部外側至袖襱下方也採用這個尺寸。至於前衣身袖襱下修的尺寸，是後衣身袖襱下修尺寸△再加1至2cm。後袖口線較淺，前袖口線較深，手臂會更好活動（參見圖③）。

連肩袖…無接袖線，衣身與袖子相連的袖子。也稱為和服袖。

乍看很難的拉克蘭袖，其實可以將它想成是基本接袖斜放在衣身的肩點（SP）上、沒有接袖線的造型。首先如圖①先畫出斜肩線，也可作為設計線。

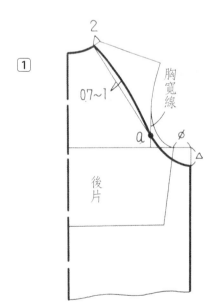

① 2

0.7~1

胸寬線

後片

a

∅

△

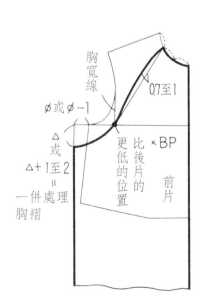

胸寬線

∅或∅-1

0.7至1

比後片的更低的位置

×BP

前片

△或

△+1至2
＝
一併處理胸褶

考量袖子的活動量的第一個問題是定出傾斜度。如圖②所示，若檢視人體的功能性，則45°是最符合好穿度及活動量的角度。轉化成圖③。比這個斜度更淺或更深，都會影響手臂的舉放，造成活動不便。

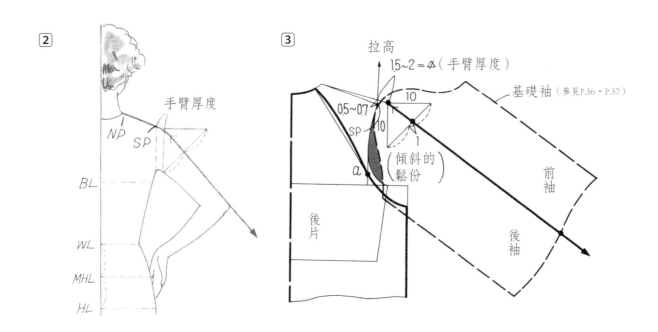

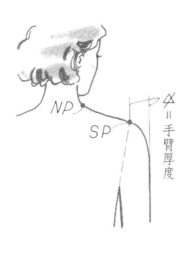

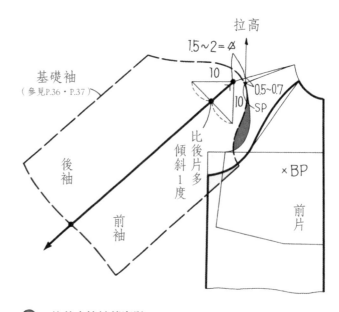

● = 比基本接袖稍寬鬆

斜度如圖④、⑤較淺時，衣身及袖子的重疊部分減少，雖然功能性也足夠，但若是過於寬鬆，就會產生縐褶。

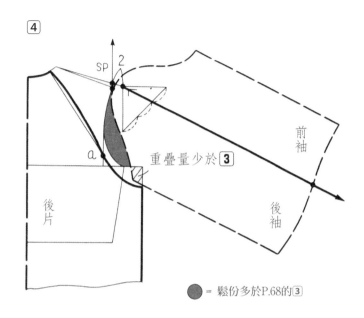

● = 鬆份多於P.68的③

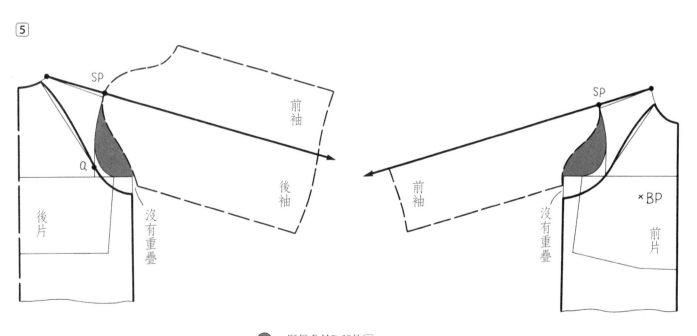

● = 鬆份多於P.68的③

參見P.38至P.40「功能性與活動量的關係」。

關於拉克蘭袖

考量活動量的第二個問題是袖山高度。原則上是以基礎袖的袖山高度為基準，但袖山低，袖下就會增長、袖寬變大。相反的，袖山高，袖下會縮減、袖寬變窄。可配合服裝類型及設計作調整。圖⑥的袖下的畫法，如圖⑦，以衣身及袖子的合印為 P 點，再由 P 點到脇邊的直線尺寸○來決定（可以 P 點為圓心使用圓規來畫）。

衣身的彎弧深度是◎，袖子也採用相同的深度。前後衣身作法相同，比照圖⑦描繪。前後差異在於，前衣身的斜度比後衣身深，此外，前袖寬與前袖口，都比後袖寬與後袖口寬來得窄。袖下的交疊尺寸是後片的 X 比前片的 Y 小。以上是手臂往前的好穿條件。

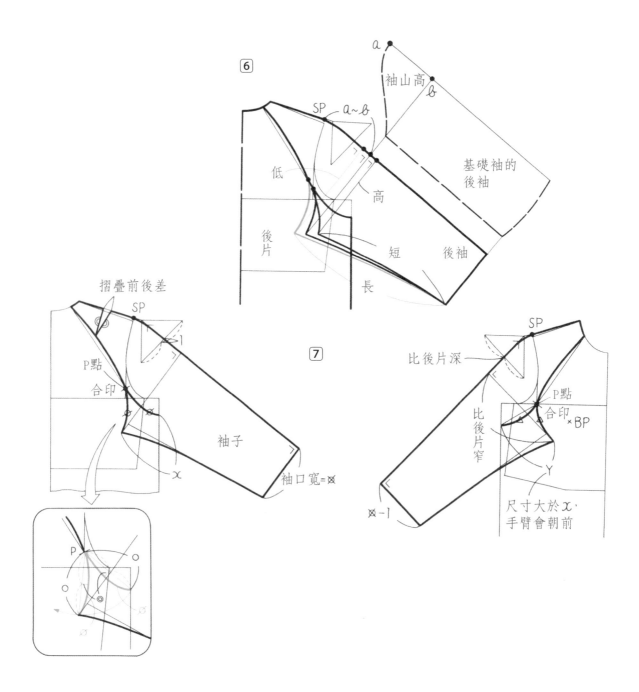

至此已經完成拉克蘭袖的製圖，可開始製作紙型，但有時會如圖⑧－**a**將袖山線摺雙裁剪，加上肩褶，或如圖⑧－**b**在袖上線加上縫合線。**a**是將紙型的前後袖山合併，再將因為摺疊使後肩褶出現凹陷的部分補正重畫，在距離SP（肩點）約2至3cm的位置定出肩褶止點。

b的狀況是為了要在前袖山配合手臂形狀、呈現方向性，將前袖山側剪掉的1至1.5cm，追加到袖下側。

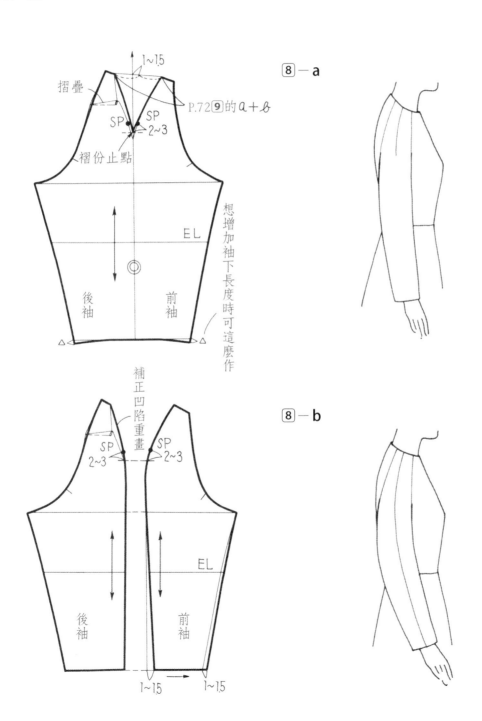

在前袖山配合手臂形狀，是指配合手臂向下時所呈現的傾斜度。

關於拉克蘭袖

前頁的肩褶，與圖⑨的 **a** ＋ **b** 同尺寸，大約是從12cm視斜度變成8至10cm。另外就設計性來看斜肩線的活用，如圖⑩ － **a** 以加入線條的方式有肩章

袖、剪接袖、拉克蘭袖及公主線袖等。可如圖⑩ － **b** ，上下移動作為合印的 **P點** ，變化出不同的寬鬆感及包覆感。

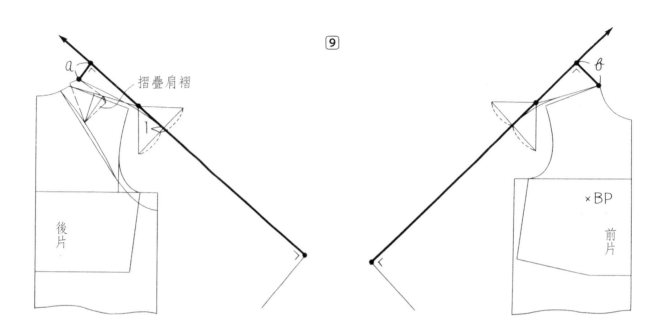

⑨

⑩ － a　拉克蘭線的應用與名稱

⑩ － b　決定P點的位置

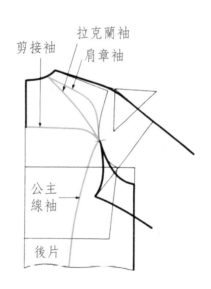

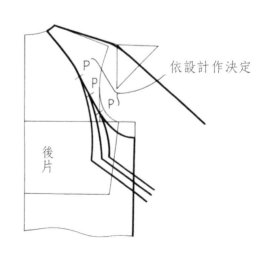

剪接袖…接續剪接的袖子。肩章袖…從正面看，有如連接肩章的袖子。公主線袖…接續公主線的袖子。

圖⑪和⑫也是拉克蘭袖，不過是先擺放好基礎袖，再放上衣身的畫法。

圖⑪擺放好基礎袖後，前後衣身的SP與袖山點離0.5至0.7cm，NP則依P.72圖⑨的尺寸，接觸點相隔8、10、12cm。

之後比照P.70，依圖⑪－b、c的順序描繪。圖⑫是肩山無接縫線，此時加上袖山與前後衣身的SP三點，擺放好衣身，再比照P.70的圖⑦描繪。前後NP的差是穿過中間後畫好完成線。

⑪－a　前後原型置於基礎袖上

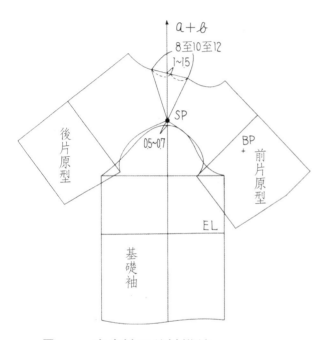

⑪－b　定出斜肩線

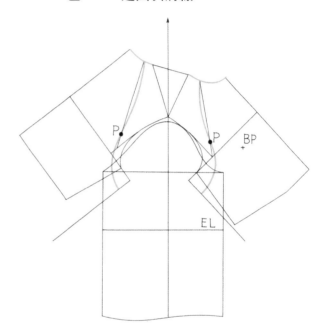

⑪－c　畫出袖子的袖籠線

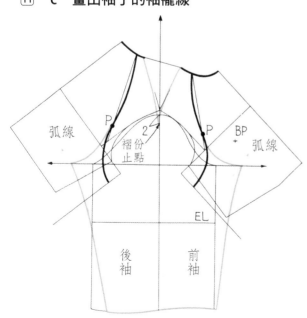

⑫

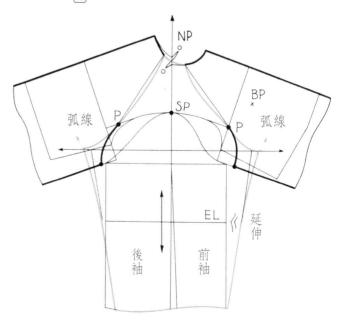

衣身＋袖子的試穿修正

胸部較高的人穿拉克蘭袖時

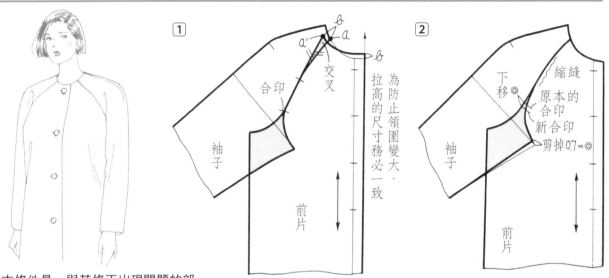

補正的基本條件是，與其修正出現問題的部位，不如盡量在尺寸較短的位置進行補正。以拉克蘭袖為例，在斜肩線補正是最好的作法。

視胸部的高度，有①至⑤五種補正方法。

圖①是衣服的高度不足，補正方法是將a提高到a'，增加縱向的長度。

圖②和圖③是隆起度不夠，圖②是簡單的補正方法，就是將袖寬剪去約0.7cm，在BP的上方進行縮縫。要記得移動合印記號。

圖③是摺疊胸褶，在BP上方剪切口後展開，再縮縫此部分呈現隆起的方法。

圖④是因應胸部很高的狀況，摺出明顯尖褶的方法。如果不想讓褶子清楚被看見，可如圖⑤在合印記號附近摺尖褶。

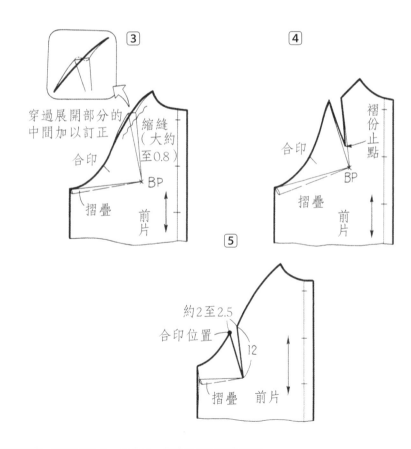

縮縫處理…使平面布立體化的技巧之一。先作細針目的平針縫，再利用熨斗，以水分、熱度及壓力燙出形狀。

①

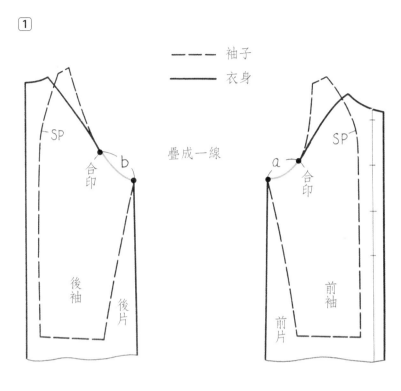

－ － － 袖子
———— 衣身

疊成一線

SP　合印　b

a　合印　SP

後袖　後片

前袖　前片

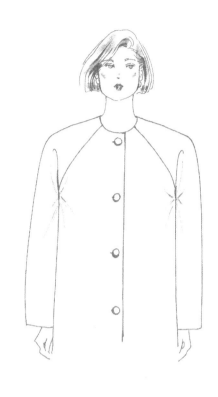

②

SP　合印

衣身及袖子
都在緊縮處
追加尺寸

SP　合印

後袖　後片

前袖　前片

原因有二：

如圖①，拉克蘭袖也和一般的袖子一樣，前後衣身和袖子，在 **a**、**b** 的位置必須重疊，這點很重要。若沒有疊成一線，袖下會出現吊起的縐褶，因此在製作紙型的階段就要確認好是否有疊成一線。

如果縐褶是脇邊的厚度不足引起的，可如圖②在前後衣身追加不足的部分，袖子也要追加相同尺寸。

袖下的畫法參見P.70。

試穿前的紙型確認

關於窄裙

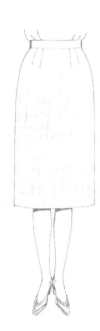

窄裙向來如圖1，在臀圍線（HL）決定臀部尺寸，接著以$\frac{W}{4}$＋褶份當作腰部的尺寸，接著畫脇線。但從圖示可以看出，當腰部偏粗的尺寸或偏細時，都會破壞腰與臀的比例，使脇線不漂亮，整體的輪廓也變得不好看。要製作線條美麗的裙子，製圖的順序應該是如圖2先畫脇線，決定裙子的輪廓，再如圖3，依腰部的尺寸決定尖褶的大小，最後是畫上尖褶，如圖4。後片的作法同前片。

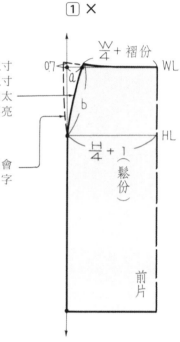

1 ×

當腰部偏細，a的尺寸就變得太大，b的尺寸也變長，結果脇線太寬大，無法呈現漂亮線條。

當腰部偏粗，脇線會變成不好看的く字形。

$\frac{W}{4}$＋褶份
WL
07
a
b
$\frac{H}{4}$＋1（鬆份）
HL
前片

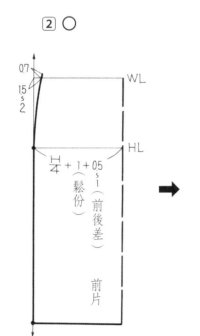

2 ○

07
15〜2
WL
$\frac{H}{4}$＋1＋0.5〜1（鬆份）（前後差）
HL
前片

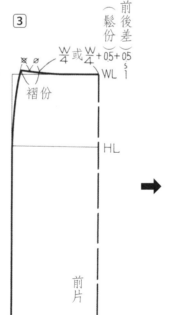

3

$\frac{W}{4}$或$\frac{W}{4}$＋0.5＋0.5〜1（前後差）（鬆份）
WL
褶份
HL
前片

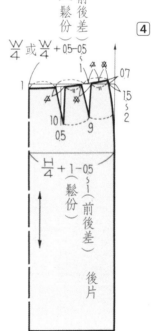

4

$\frac{W}{4}$或$\frac{W}{4}$＋0.5〜0.5（前後差）（鬆份）
1
07
15〜2
10
0.5
9
$\frac{H}{4}$＋1－0.5〜1（鬆份）（前後差）
HL
後片

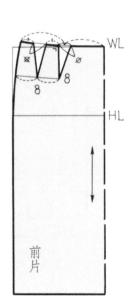

4

WL
8
8
HL
前片

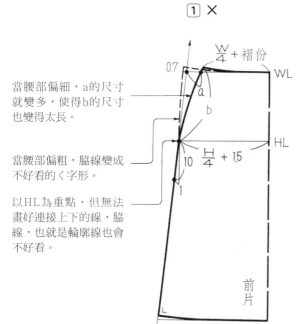

1️⃣ ✕

$\frac{W}{4}$ ＋褶份

0.7
WL
a
b
$\frac{H}{4}$ ＋1.5
HL
10
1
前片

當腰部偏細，a的尺寸就變多，使得b的尺寸也變得太長。

當腰部偏粗，脇線變成不好看的く字形。

以HL為重點，但無法畫好連接上下的線，脇線，也就是輪廓線也會不好看。

A字裙與窄裙一樣，如果像圖1️⃣，決定臀圍線尺寸及臀圍線以下的輪廓，再以$\frac{W}{4}$＋褶份當成腰圍尺寸，最後是畫脇線。結果也會因為腰部與臀部的比例不佳，無法呈現漂亮的線條。線條美麗的裙子，製圖順序是如2️⃣至4️⃣。後片的作法同前片。

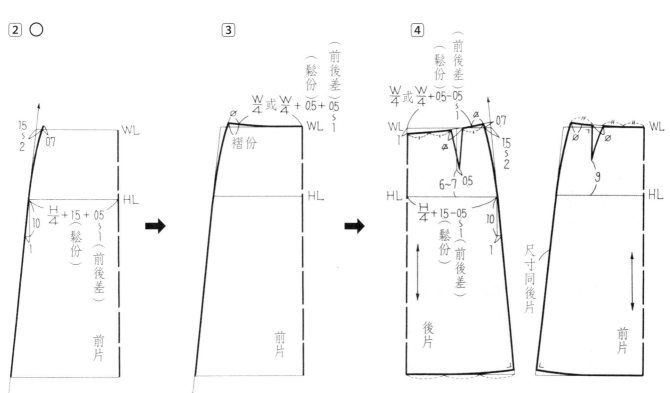

2️⃣ ○

1.5
~
2
0.7
WL

$\frac{H}{4}$ ＋1.5 ＋ 0.5
~1（鬆份）
（前後差）
HL

10
1
前片

3️⃣

$\frac{W}{4}$ 或 $\frac{W}{4}$ ＋ 0.5 ＋ 0.5
~1
（鬆份）
（前後差）
WL
褶份
HL
前片

4️⃣

$\frac{W}{4}$ 或 $\frac{W}{4}$ ＋0.5 -0.5
~1
（前後差）
（鬆份）
WL
ø
0.7
1
1.5
~
2
6~7 0.5
HL
$\frac{H}{4}$ ＋1.5 -0.5
~1（鬆份）
（前後差）
10
1
後片

ø ø
WL
9
HL
尺寸同後片
前片

77

波浪裙的注意事項

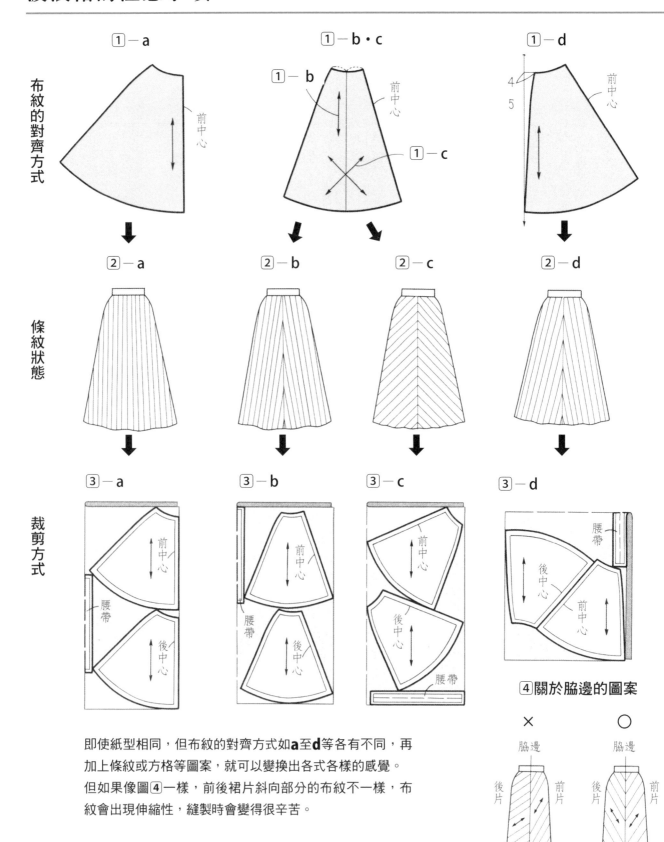

即使紙型相同，但布紋的對齊方式如**a**至**d**等各有不同，再加上條紋或方格等圖案，就可以變換出各式各樣的感覺。但如果像圖**4**一樣，前後裙片斜向部分的布紋不一樣，布紋會出現伸縮性，縫製時會變得很辛苦。

參見P.91「波浪裙裁剪後的注意事項」。

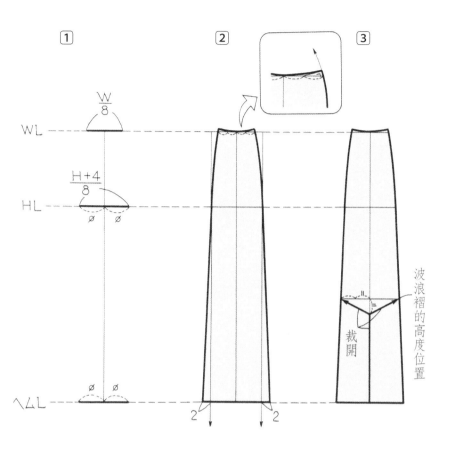

波浪褶的高度位置

裁開

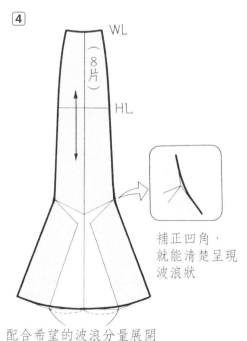

（8片）

補正凹角，
就能清楚呈現
波浪狀

配合希望的波浪分量展開

一般的多片裙，只需將裙子分割成喜歡的片數，製圖後再將各個裙片拼縫起來就完成了。但小喇叭狀的多片裙，因為要在下襬呈波浪狀，接縫時需要更高的技巧。

以八片裙片為例，雖然製作方式很多，這裡介紹的方法特徵在於，依圖①、②畫好的基礎圖，接著如圖③剪切口，再比照圖④依想要的波浪分量展開。

最後重畫因為展開波浪褶而產生變化的線。如果將凹陷修成弧線，可以清楚呈現美麗的波浪造型。

小喇叭狀的多片裙…透過拼接呈現波浪狀的裙型，有4片、6片、8片裙等。

褶襉閉合而不會打開的重點

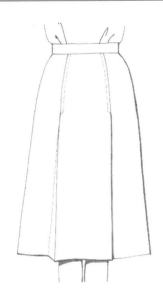

褶襉裙若從褶襉止點以下就無法閉
合，問題可能是在重要的紙型確認階
段，忽略了褶襉的類型、有無尖褶、
褶襉位置，或穿著者的體型等任一個
因素。

畫好圖①後，再如圖②加入褶襉，但
若直接就這樣縫製，褶襉的暗褶會不
穩定，使得褶襉也變得不服貼。所以
要比照圖③，正確摺出完成狀態後裁
剪紙型，之後再次攤平，結果會出現
和圖②不同的腰圍線，而這個突出於
腰圍線上方的部分至關重要。也就是
說，正確摺疊圖③的褶襉（想像立體
化的模樣），重新畫好線後剪掉，是
不可忽略的確認作業，這類技巧對專
業人士來說非常重要。

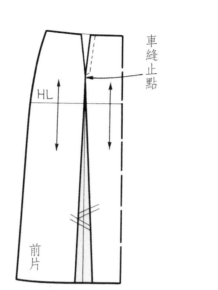

車縫止點

HL

前片

HL

前片

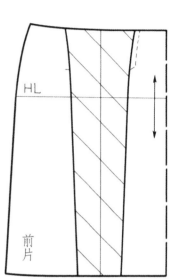

紙

正確摺疊後剪掉

HL

正確摺疊褶襉

前片

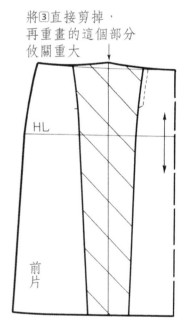

將③直接剪掉，
再重畫的這個部分
攸關重大

HL

前片

裙子的試穿修正

試穿修正的觀察點

由表側沿布紋，在前後中心及臀圍線進行疏縫，以便進行正確的試穿補正。首先，從前面、脇邊及後面充分觀察體型，確實掌握特徵。接著依照下述的步驟進行細部的確認。

(1) 站在全身鏡前，檢視臀圍線與裙襬線是否保持水平，前後中心‧脇線是否垂直。鬆份量與前後裙長等若不合身，會變得緊迫，臀圍線及脇線也會歪斜或變形。

(2) 確認腰圍線是否平整、穿起來舒不舒服，腰圍線的前後接合得好不好。

(3) 全身比例良好，裙長可漂亮展露腿部曲線。

(4) 走一走、坐一坐，檢查寬鬆度、舒適度、下襬寬度足夠與否。若裙襬圍有礙行走或上下樓梯不便，可考慮加入褶子或開叉。

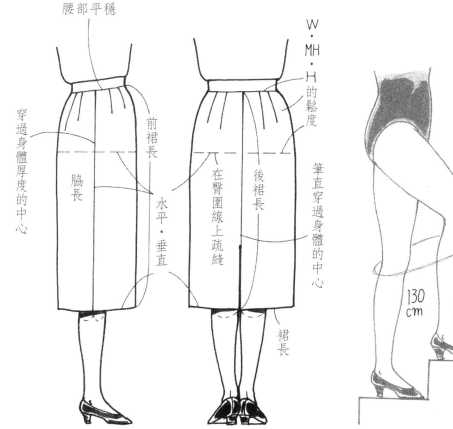
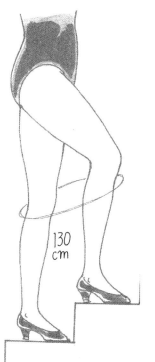
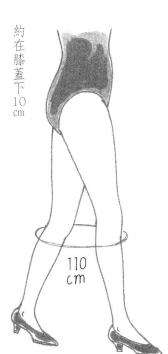

前中心向上吊起時

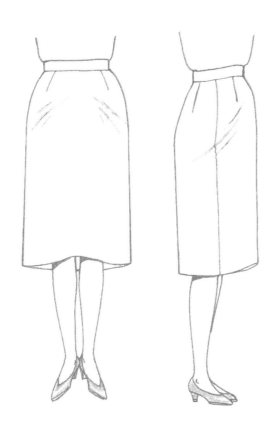

① 裁開
b ← a
HL
前片

腹部突起是許多中年人的體型。
為因應隆起的部分，縱橫都必須
加長。如圖②展開，腰間也連帶
打開尖褶，這樣就能增加裙身隆
起部分。

此外，脇邊從腰圍線到臀圍線之
間會產生凹陷，需補正重畫，維
持裙形。

若圖②的腰部尖褶變得太大時，
可如圖③展開成兩條尖褶。

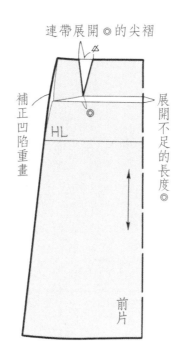

② 連帶展開◎的尖褶
補正凹陷重畫
展開不足的長度◎
HL
前片

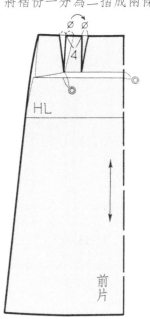

③ 將褶份一分為二摺成兩條尖褶
∅ ∅
4
HL
前片

　WL、HL等縮寫參見P.8。

因蜂腰體型而在腰部附近出現橫向縐褶時

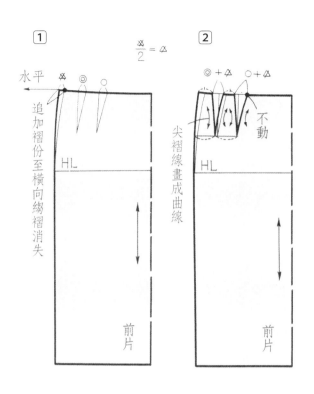

褶份不足引起的縐褶，如圖①在脇線追加褶份。將追加的尺寸一分為二，平均放大到原有的兩條腰褶，但不要動到靠中心側的尖褶前側點，再如圖②重新畫線。尖褶線如圖示呈曲線，可以將蜂腰體型修飾得更漂亮。

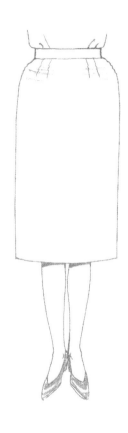

裙子的試穿修正

SKIRT

下半身偏瘦而在腰褶下方出現鬆垮縐褶

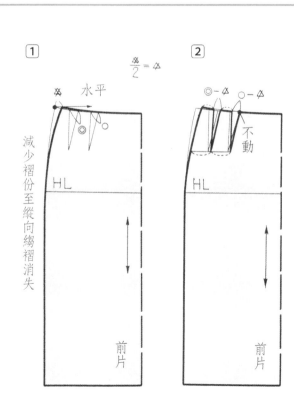

和上個現象相反，在腰褶下方出現了多餘的縱向縐褶。
首先如圖①在脇線剪掉多餘的尺寸，再將縮減尺寸一分為二，從原有的腰褶中減去，但靠中心側的腰褶前側點維持不變，接著如圖②畫好新的腰褶。

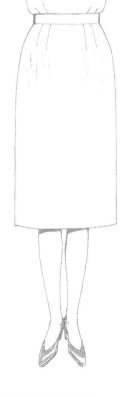

蜂腰…腰部以下突然變寬的體型。

大腿突出而擠出縐褶時

大腿的腿圍比臀圍大，多半是年輕人的體型。因臀圍上下的尺寸不足，所以如圖①從臀圍線到裙襬都追加一樣的尺寸，腰圍線不動往下順接脇線。圖②則是在臀圍線追加尺寸，而裙襬追加的尺寸又比臀圍線多。

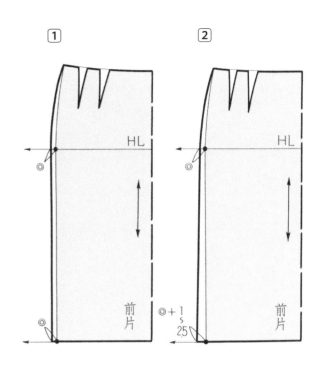

兩側脇邊出現斜向縐褶時

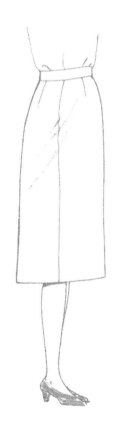

腰部兩側無隆起、後中心又扁平的體型會出現的縐褶。如圖示，將前後裙片的紙型依完成狀態擺放，在脇邊及後中心剪掉多餘部分，再以曲尺修順前中心至後中心的線。

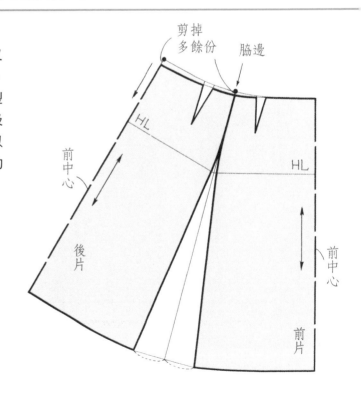

大腿腿圍參見P.94。

臀部翹起時

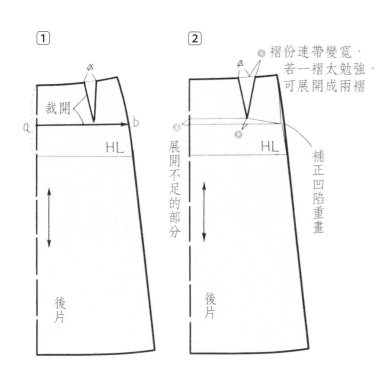

① 裁開 a → b

HL

後片

② ◎ 褶份連帶變寬，若一褶太勉強，可展開成兩褶

展開不足的部分

補正凹陷重畫

HL

後片

因臀部翹起，出現了從脅邊朝向臀部的縐褶。加上後裙襬上提，使得脅線向後傾斜。前裙片的補正方法同P.82「**前中心向上吊起時**」。裁開**a**至**b**，追加裙長不足的部分，腰間褶份也連帶變寬，可包覆臀部翹起的部分。

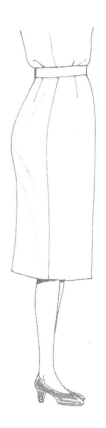

臀部扁平而出現縐褶時

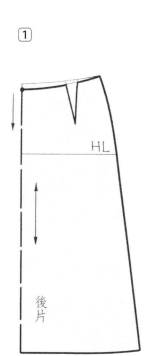

①

HL

後片

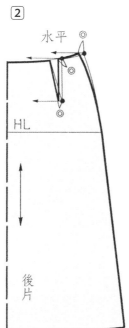

② 水平 ◎

HL

後片

臀部扁平的體型有兩種補正方式。圖①是將縐褶當成多出的長度，在後中心下移後剪掉。圖②是從脅線剪掉多餘尺寸，褶份也減去修剪掉的尺寸。這是將多餘的部分或分量減少，以去除縐褶的方法。

裙子的試穿修正

SKIRT裙子

脇邊及後中心向上吊起時

因為腰部兩側的脇邊及後中心突出而產生的縐褶。

如果是兩側脇邊向上擠壓，就參照圖①，將脇邊拉高，直到縐褶消失，再以曲尺重新修順腰圍線。

若後中心向上擠壓，則如圖②，將後中心拉高，直到縐褶消失，再以曲尺重新修順腰圍線。

①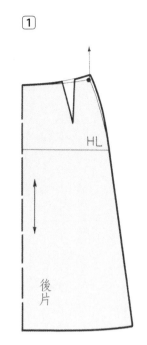

②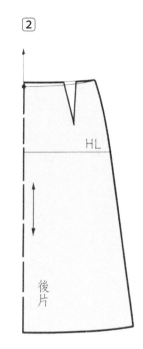

臀部附近出現橫向縐褶時

因臀部尺寸不足而引起的問題。圖①是從臀圍線到裙襬追加一樣的尺寸，腰圍線不動往下順接脇線。圖②則是從腰圍線到臀圍線都追加相同的尺寸，連褶份也放大相同尺寸。

圖②的補正結果會比圖①更寬鬆。

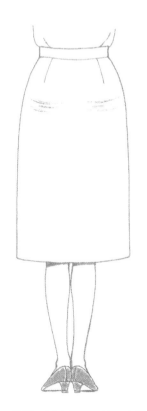

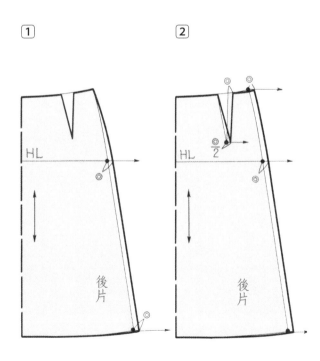

　曲尺…用來描繪脇線、尖褶線等曲線的工具。

腹部突起時

①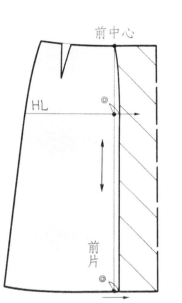

②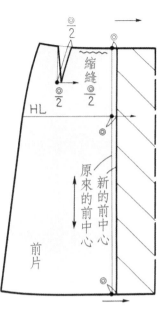

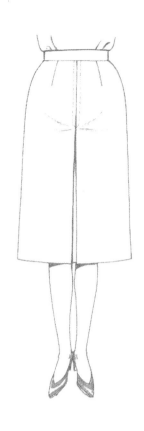

因為前中心的腹部尺寸不足，所以如圖①，在前中心側從臀圍線至裙襬追加不足部分，再以和緩曲線重畫腰圍線至臀圍線部分，以增加隆起份，消除縐褶。另一個補正方式是如圖②，前中心側自腰部到裙襬追加相同的尺寸，再將此尺寸一分為二，一半放大至腰褶，一半進行縮縫。以柔和的鼓起覆蓋腹部。

圖①標示：前中心、HL、前片
圖②標示：◎／2、縮縫◎／2、新的前中心、原來的前中心、HL、前片

褶襉未能閉合時

①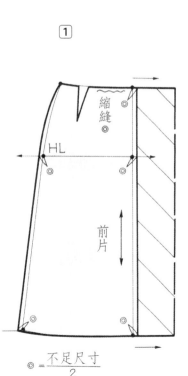

②

當兩側脇邊出現縐褶、褶襉未能閉合時，補正方法如圖①，在前中心側和脇邊的HL追加尺寸，將裙身放寬，這樣褶襉就能閉合了。

如果只是褶襉未能閉合，並無縐褶產生，則如圖②，在WL正確摺疊褶襉，疏縫固定後，再進入下個縫製作業，也能避免褶襉打開。

圖①標示：縮縫、HL、前片
圖②標示：正確摺疊後疏縫、前片

◎ = 不足尺寸／2

請參見P.80的「讓褶襉閉合的重點」。 87

褲裙的前股突起擠壓出縐褶時

因為前臀圍線附近的尺寸及厚度
不足而擠壓出縐褶。
先如圖①裁開，再比照圖②追加
厚度。若還是有縐褶，可如圖③
─ **a**裁開臀圍線，再如圖③ ─ **b**
追加不足的部分。

①

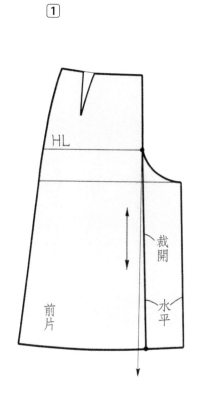

②

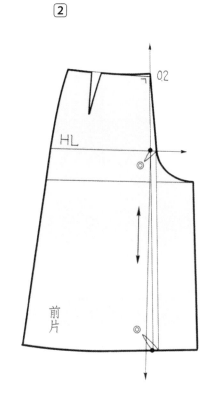

③─a

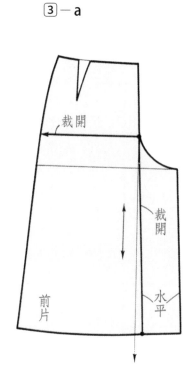

③─b

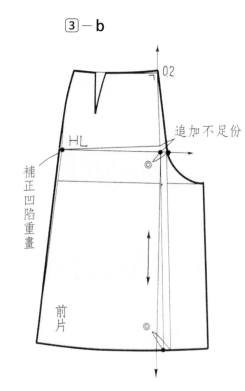

①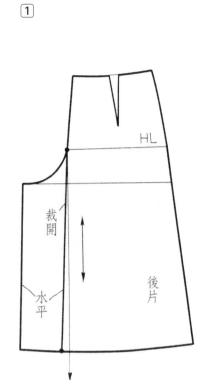

②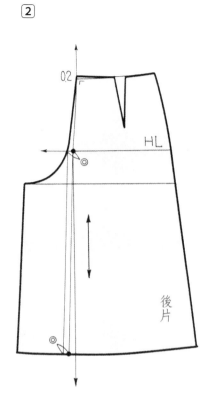

③－a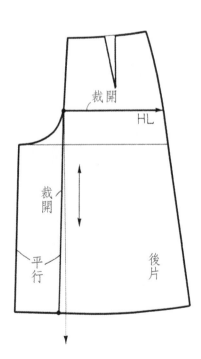

③－b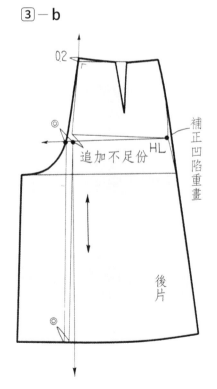

因為後臀圍線附近的尺寸及厚度不足而引起的縐褶。

先如圖①裁開，再比照圖②追加厚度。若還是有縐褶，可如圖③－a裁開臀圍線，再如圖③－b追加不足的部分。

褲裙的後股上出現鬆垮的皺紋時

會產生這樣的皺紋是因後臀扁平或臀部下垂。

為解決後股上尺寸過長的問題,如圖①在臀圍線處裁開**a**至**b**的部分,再如圖②摺疊多餘份,以縮短後股上的尺寸。

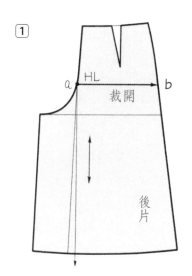

① HL
a ────→ b
裁開
後片

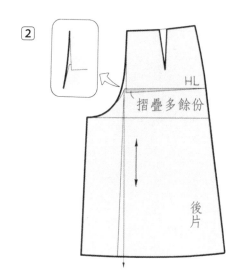

② HL
摺疊多餘份
後片

褲裙的股上太長時

當前後的股上都太長時,可如圖①-**a**在過長的位置平行摺疊多餘份。關於後股上,有時不會平行摺疊,而是像圖①-**b**直接摺疊多餘份後變成三角形,如下圖所示。

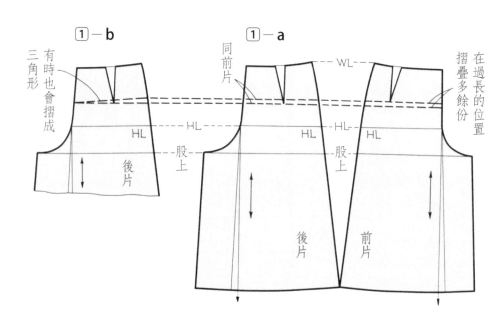

①-b 有時也會摺成三角形
HL
後片

①-a 同前片
WL
HL HL
股上
後片 前片
在過長的位置摺疊多餘份

股上尺寸⋯參見P.2的尺寸參考表,丈量方法參見P.94。

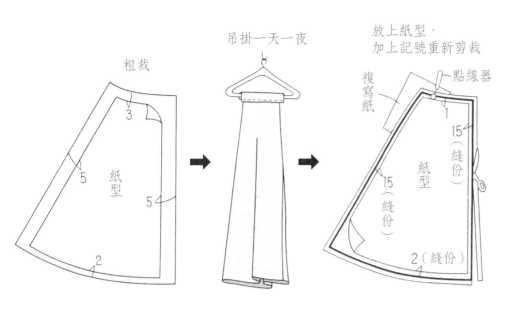

粗裁

紙型

3

5

5

2

吊掛一天一夜

放上紙型，
加上記號重新剪裁

複寫紙

點線器

紙型

15（縫份）

15（縫份）

2（縫份）

波浪裙因為斜布紋的部分容易伸展，導致裙襬變得不整齊。所以先粗裁，吊掛一天一夜，再重新放上紙型，進行裁剪，可減少出錯的狀況。裙襬的縫份如圖示盡量縮窄，完成的裙襬才顯得輕盈。

想明顯呈現波浪狀時

如圖示，以直線連接想要呈現波浪狀的位置及褶數，腰圍線變成角狀，再比照圖示，於縫份剪入兩側角度相同的倒三角形牙口，這樣就能明顯作出波浪狀。圖例是兩個波浪及三個波浪的完成狀態。如果將腰部的角狀修順，會變成圓裙。

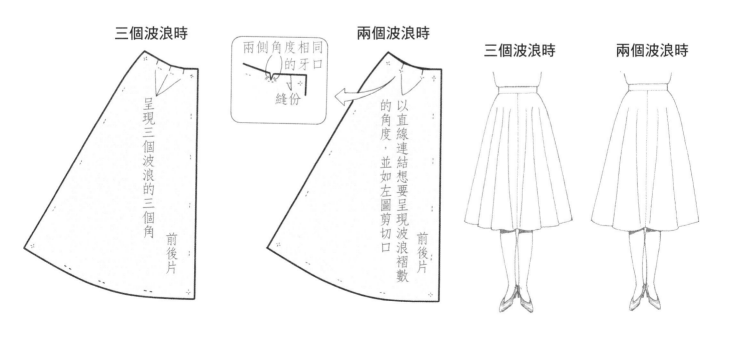

三個波浪時

呈現三個波浪的三個角

前後片

兩側角度相同的牙口

縫份

兩個波浪時

以直線連結想要呈現波浪褶數的角度，並如左圖剪切口

前後片

三個波浪時

兩個波浪時

粗裁…考慮到紙型補正後的變更，預留多一點的寬鬆度及縫份。波浪裙則是基於斜布紋易伸縮的考量。

波浪太多時

呈現的波浪比預期的多,而且集中於前後中心的縫合處時,可先以珠針將多餘的波浪固定住,檢視一下整體的感覺。
確認好波浪的位置後,在紙型上的相同位置摺疊以珠針別住的尺寸,重新裁剪。

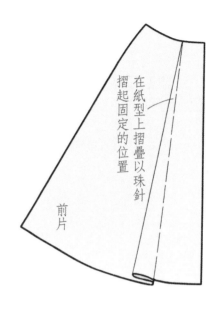

在紙型上摺疊以珠針
摺起固定的位置

前片

腰・腹突起使波浪無法漂亮展開時

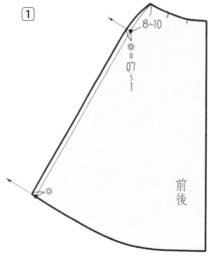

若是腰部突起,可如圖①將脇邊修成略呈圓形的線條。若是腹部突起,則除了比照圖①補正外,前中心也修成圓弧線,這樣就能在裙身展現柔美波浪。

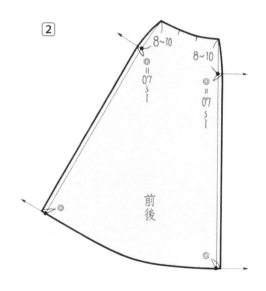

① 8~10

1~0.7

前後

② 8~10 8~10

1~0.7

前後

　參見P.78「波浪裙的注意事項」。

波浪往前中心・後脇靠攏時

扁平的臀部讓波浪往脇邊靠攏，先在後中心側的腰圍線下方，以珠針別住不希望出現波浪的部分，使波浪均勻分散。在紙型的腰圍線處剪掉別住的部分。記

得要再確認一次所需的腰圍線尺寸。脇邊的重點是提得太高而出現縐褶，所以將提太高的尺寸向下移並修訂腰圍線，裙襬也下移相同尺寸，再重畫裙線。

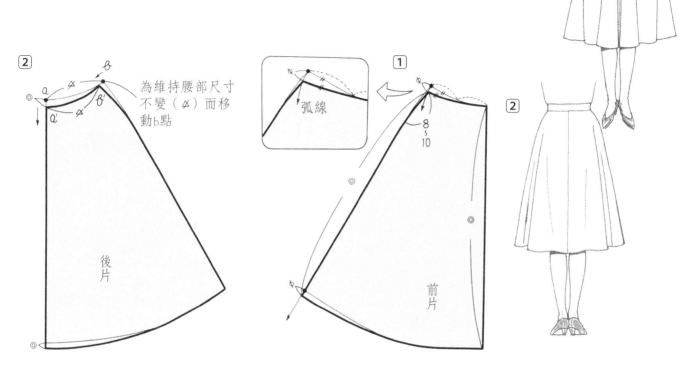

② 為維持腰部尺寸不變（✗）而移動b點

弧線

①

8 ~ 10

後片

前片

圓裙的線條不流暢時

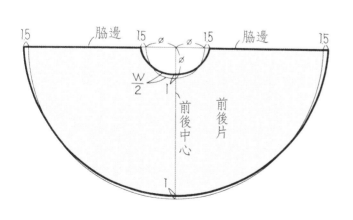

15　脇邊　1.5 ∅ 1.5　脇邊　15

W/2　1

前後中心 前後片

1

由於人體的腰圍線位置並不是正圓形，如果只將裙子作成圓形，將無法呈現美麗的波浪線條。所以要配合人體將脇邊放寬1.5cm、前後中心側拉高1cm，變成如圖示般的橢圓形腰圍線，這樣波浪線條就會變漂亮。
裙襬線也依據腰圍線增減的尺寸修訂、重順。

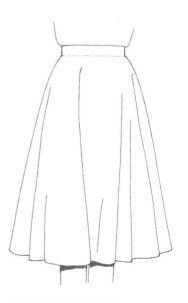

參見P.94人體的腰圍線位置剖面圖。

試穿前的紙型確認

關於褲子

基於流行，市面出現許多為年輕人設計的褲子款式。好穿、舒適的褲裝日益普及。即使是大尺寸或中年人，同樣也將它當成日常服裝之一，現在已是大家都樂於穿著褲裝的時代。要製作穿起來好看的褲子，正確丈量是基本條件。必須取得的尺寸包括：

1. 腰圍（WL，腰部一圈的尺寸）

2. 中臀圍（MHL，中臀一圈的尺寸）

3. 臀圍（HL，臀部一圈的尺寸）

9. 大腿根圍（大腿最粗的部分，這個部位比較大的人，在縫製細長的褲子時，不可少了這個尺寸。）

1～2～3～4～5～6是**股圍**（自腰圍的前中心穿過4・5來到後中心的長度。腹部突出或體型較厚的人，先量好這個部位的尺寸，在確認紙型時會有很大的幫助。）

7～4～8是**褲長**（身體側面，從腰圍至腳踝突出點的距離）。

7～5是**股上尺寸**（如圖②，坐在椅子往內靠，身體側面從腰圍至椅面的距離）。

在丈量中臀圍、臀圍及大腿根圍等尺寸時，若有部位特別突起，可如圖③以厚紙抵住後再丈量。

《丈量方式》

剖面圖

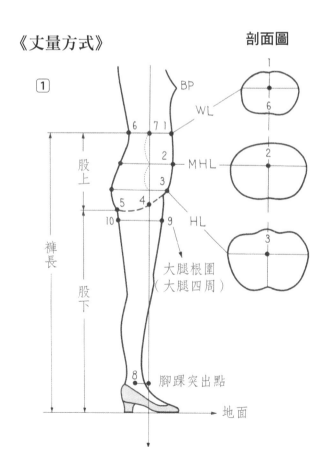

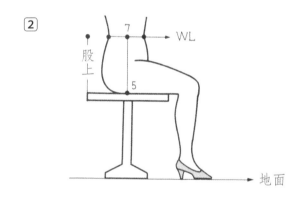

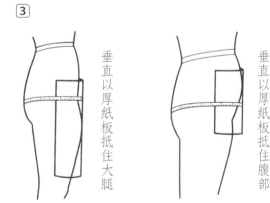

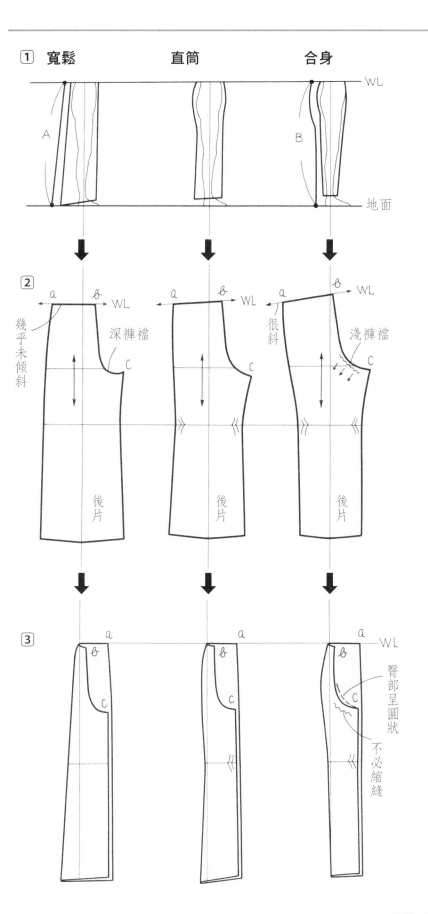

雖然隨著時尚,有時流行緊身褲、有時又換成寬鬆褲,但褲形大致可如圖①區分為三種。

不管是哪一種,前片的紙型幾乎都一樣,後片則如圖②所示。

由於人體的動作很多都是前屈,所以後股上的尺寸會比較長。

即使是靜止狀態,圖①中貼合人體曲線的合身型B,需要的長度更勝寬鬆型A。若以紙型表示,則如圖②所示,合身型的後股上尺寸比寬鬆型來得長。

但考量到穿著時的狀況,必須比照圖③的作法,進行縮縫,以便將腰圍下移至水平,讓臀部形成曲線。

寬鬆褲因後股上的腰圍線已呈水平,不需要再作出臀形,就沒必要進行縮縫了。

縮縫…將平面的布配合體型縮縫或伸展,加以立體化。

關於褲子的厚度

褲子的厚度依體型（扁平、普通及圓筒等）而有很大的差異，這裡就以普通體型為例進行說明。其他體型再視需要作增減。

一般如圖①所示，前片紙型中的A尺寸是褲子所需的厚度，且以褶線為中心的左右兩側尺寸幾乎相同，尤其是將內股側摺兩褶時，如圖②不會有尺寸不足的問題，而這也是厚度不會尺寸不足的首要條件。

至於後片紙型，最好比前片紙型的厚度多出4至5cm。以丈量到的股圍尺寸當成參考（參見P.91），在紙型上進行確認也是重要的步驟。

為了使褲襠穿起來更舒適，一定要確認前後股上線的連接狀況（參照圖③）。

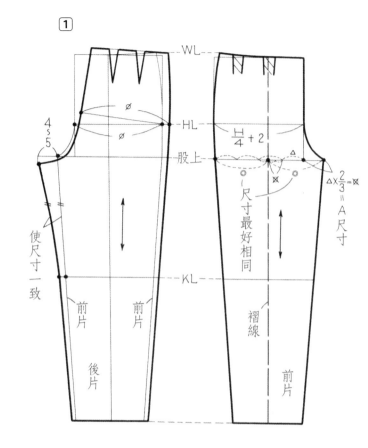

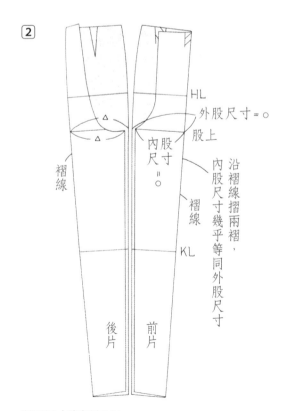

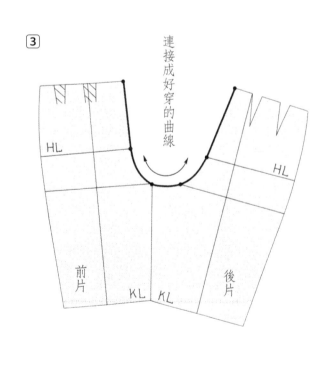

股圍尺寸請參見P.94。

若從功能性作考量，後股上尺寸必須比前股上尺寸長。首先，如圖①－**a**裁開前片紙型臀圍線上的**a**至**b**，在上方追加後股上的所需尺寸（＝活動量），接著如圖①－**b**連接**c**與**d**，再於後片追加4至5cm的厚度，完成後片紙型。

另外，如果是像圖②的短褲，則是在臀圍線下方追加活動量所需尺寸、連接**c**與**d**，再於後片追加4至5cm的厚度。要在臀圍線上方或下方追加尺寸，以增加後股上長度，端視款式而定。

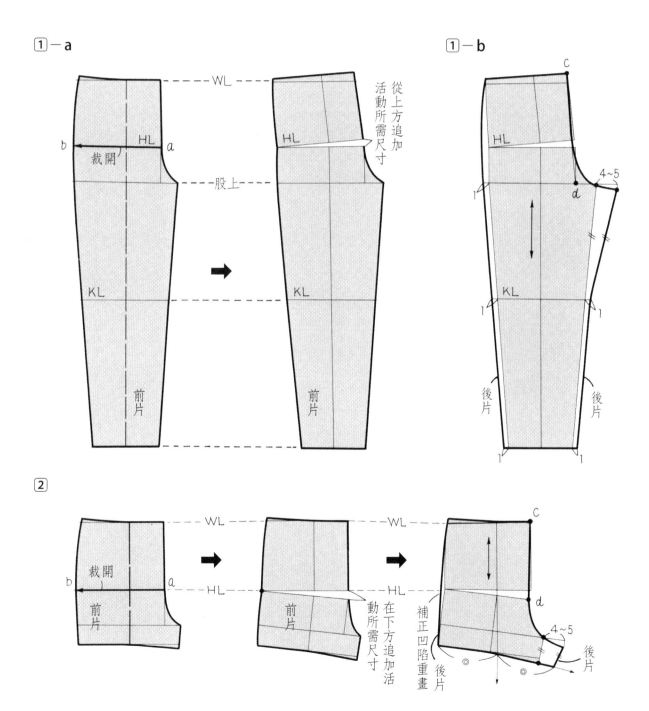

褲子的試穿修正

前股圍出現橫向縐褶時

問題出在前片的厚度不足,所以如圖示,自前片的腰圍線經臀圍線再到股上線的位置,追加相同的尺寸後重新畫線,再從股上線修訂至內股的膝線處。

腰圍放大的部分,可追加至尖褶或活褶。

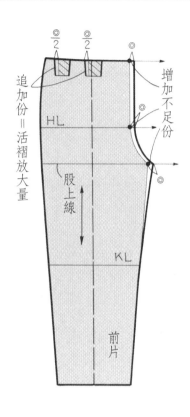

腹部出現縱向縐褶時

是和上面的問題相反而出現的縐褶。前中心、WL、HL到股上線,均向內移入多餘份後剪掉。接著從股上線修訂至內股的膝線處。在前中心增加的分量,可自尖褶或活褶處減去。

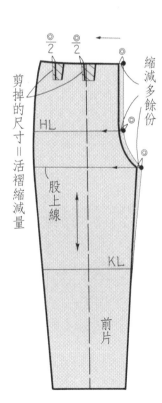

髖骨附近出現緊拉縮褶時

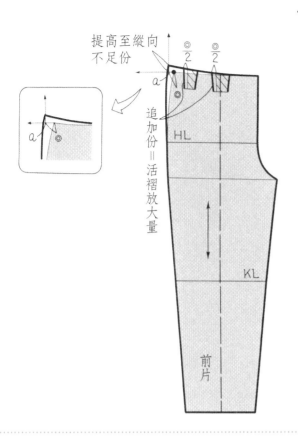

提高至縱向不足份

$\frac{◎}{2}$ $\frac{◎}{2}$

a

追加份＝活褶放大量

HL

KL

前片

是因為髖骨突出產生的縐褶，所以要放大尺寸。如圖示，除在脇邊追加不足的部分，活褶也要增加橫向不足的部分。

縱向不足份自 **a** 向上拉高，接著重畫WL。

後脇附近出現緊拉縐褶時

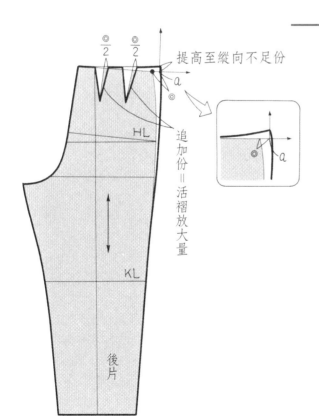

$\frac{◎}{2}$ $\frac{◎}{2}$

提高至縱向不足份

a

◎

追加份＝活褶放大量

HL

a

KL

後片

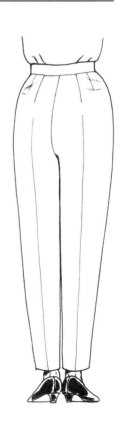

因後脇附近突出而出現的縐褶，所以要追加不足的部分。

如圖示，除在脇邊追加不足的部分，且於活褶加上橫向不足的部分。

將 **a** 向上拉高，以拉長縱向不足的部分，接著重畫WL。

臀部出現緊拉縐褶時

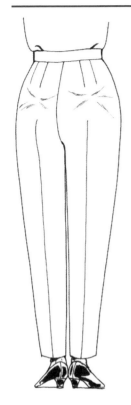

如圖示，補正方法是放寬後股上線與脇線的不足部分。

重新畫好從WL、HL到**a**的後股上線，再自內股下修訂到膝線的位置。至於脇線部分，HL與**b**之間追加相同尺寸，再重畫自**b**至膝線的位置。最後依照追加的尺寸，放大活褶量。

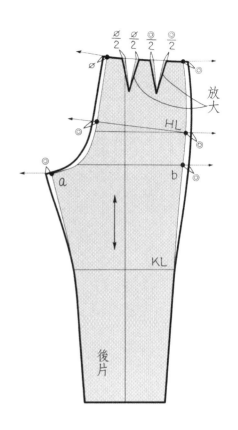

臀部附近出現多餘縐褶時

多餘的部分，如圖①，自後股上線剪掉WL到HL的直線部分，其餘則順著弧線修剪。如果腰部還是有點大，可如圖②剪掉脇邊部分，再將剪掉的尺寸一分為二縮減尖褶量。當腰部十分扁平時，消除縐褶的方法是如圖③，修剪脇邊與後中心，再縮減尖褶量。

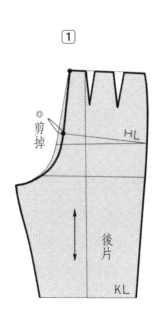

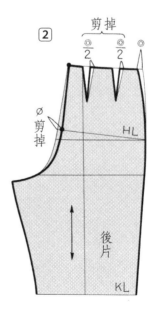

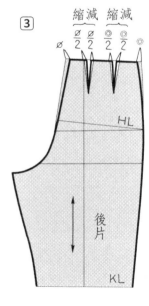

大腿附近出現擠壓的縐褶時

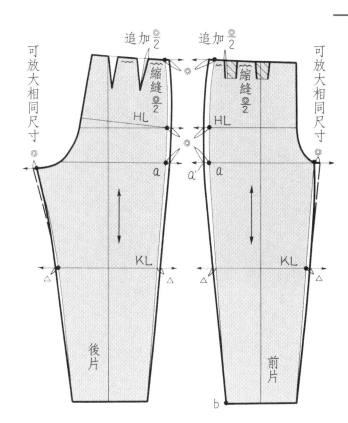

大腿突出的補正方法是，在前後脇線的WL經HL到**a**的位置追加相同尺寸。並以直線連結前脇的**a'**到褲襬的**b**。

將WL追加的尺寸一分為二，放大到前片靠近脇邊的活褶，後片靠脇邊的活褶也放大1/2。剩餘的1/2則各自在前後片進行縮縫，形成鼓起狀。如果縐褶還是沒完全消失，則比照脇邊追加的尺寸，同樣在前後片的內股側追加不足份。

臀部下垂時

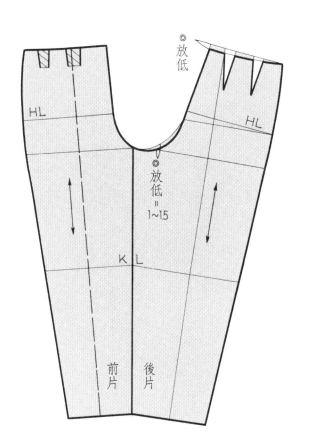

後臀下方出現鬆垮縐褶時，可將股上放低。但放得太低，雖然會改善褲形，但股圍（褲襠）挖得太深，蹲下時會變得卡卡的，注意不要挖太深。

後股上太短時

腰部突出而產生的縐褶。裁開**a**至**b**，再展開追加不足份，重新畫好後股上線。

由於脇線的HL附近會稍微凹陷，要補正重畫。

裁切展開的位置不限於HL，可視體型裁切尺寸不足部位後展開。

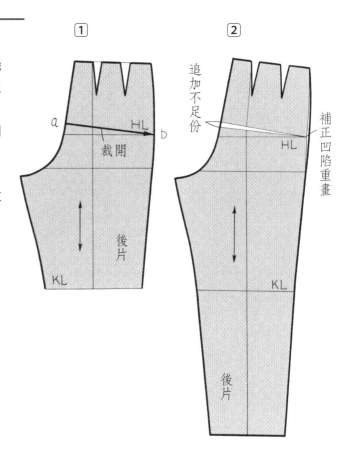

後股上太長時

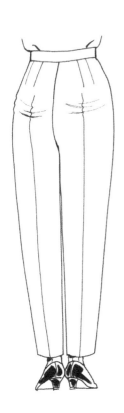

腰部扁平時引起的縐褶。和上述狀況相同，也是裁開**a**至**b**，摺疊多餘份，縮短後股上的尺寸。縮減位置不限於HL，可視體型摺疊多餘的部位。

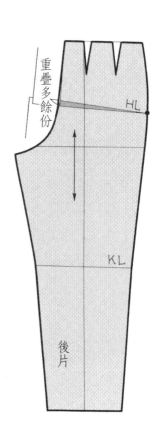

股上尺寸…尺寸參照P.2。丈量方法參見P.94。

① – a

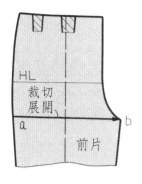

HL
裁切展開
a ————— b
前片

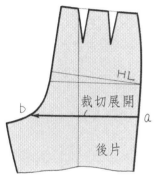

HL
裁切展開
b ————— a
後片

① – **b**是O形腿引起的現象。因為褶線偏向外側，所以前後片都如圖① – **a**，裁切股上線**a**至**b**的位置後展開，再配合O形腿的程度，將褶線向內股側移1.5至2cm。結果如圖① – **b**所示，因股下部分移動，布紋需重新對準新的褶線。

① – **c**是X形腿引起的問題，和O形腿狀況相反。由於褶線偏向內側，所以前後片也如圖① – **a**，裁切股上線**a**至**b**的位置後摺疊，再配合X形腿的程度，將褶線向外側移1.5至2cm。結果如圖①-**c**所示，因為在股上線摺疊，布紋也需重新對準新的褶線。

① – b・o形腿   ① – c・x形腿

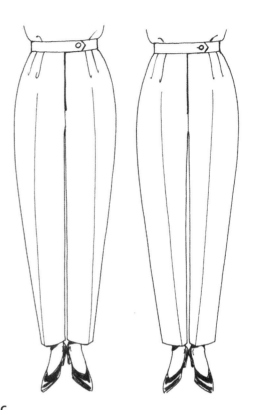

① – b

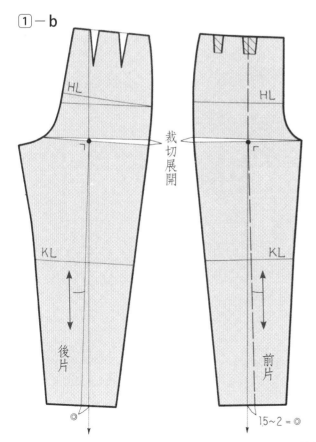

① – c

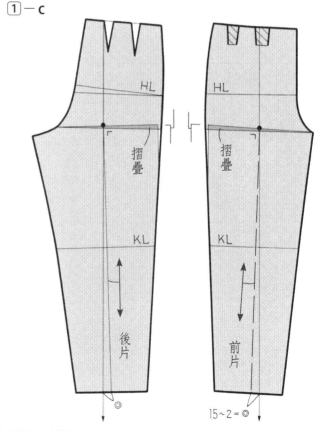

O形腿…站立時，雙膝分離呈O形狀。
X形腿…站立時，雙膝靠攏，腳踝無法併攏，呈X狀。

試穿前的紙型確認

關於領子・領圍

領子及領圍一般是位於連接頸部與軀幹的部位，也是與原型的頸線關連很深的部分。因為款式多變，成為設計上重要的一環。頸部的形狀從正看，有粗、細、長、短等，從脖子到肩部外側，有平肩及斜肩等類型。頸部的剖面通常如下圖所示。從側面看，與脖子的傾斜度、髮型及臉的大小有一定關連，又因為不管從哪個角度都貼近臉部，對於能否展現服裝之美有很大的關係。

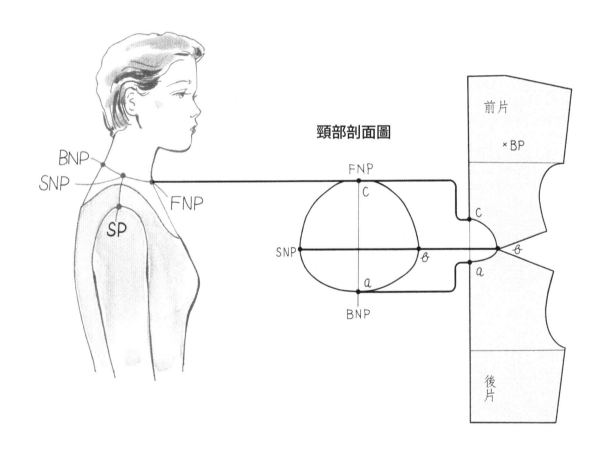

頸部剖面圖

領接線的各種方向

這裡雖然以最簡單的立領為例作說明，但不管是什麼造型的領子，領接線若不屬於圖①、②、③、④的方向之一，就是十分接近。理由在於，領子本身是由箭號的傾斜度、領子上端尺寸與下側的接縫尺寸的差所構成的。如果像圖②一樣，領子的上下尺寸沒有差別而呈直線狀紙型，NP的領子方向就會如箭號所示。圖③是一般的領型，但領子上下的長度是上＜下，NP的領子方向也就不同於圖②。圖④的領子上下關係是上＞下，NP的領子方向如箭號所示。圖①和④都稱為立領，但箭頭方向相反，上下尺寸差也大於圖③。

①

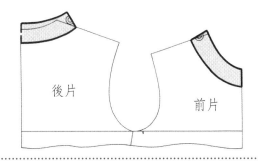
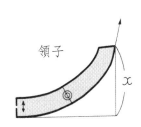

②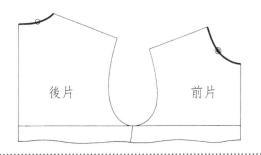
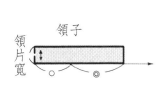

③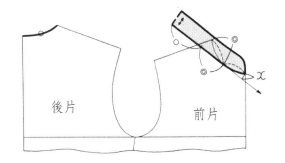

④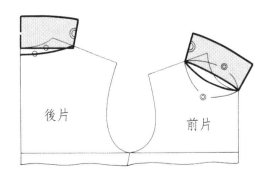
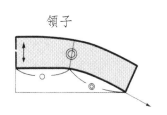

立領…沿脖子豎起的領型。

領圍線的變化

領子的製圖一般是如 **a** 單獨剪裁，或是如 **b** 接續衣身描繪。最近 **a** 方法變得較為普遍，理由在於可依據試穿補正等結果單獨修訂領子，且可僅就領子部分採取立體剪裁。圖①－**a** 的領接線若如圖①－**b** 般對齊原型，前端部分會在同一條線，試著沿完成線反摺，結果將如②－**c** 呈直線，左右合起來就變成V字形。

圖②－**a** 的領接線像②－**b** 般對齊原型，領子及衣身領圍並不會在同一條線，會被稍微切掉一些。如果沿完成線反摺，結果將如②－**c** 呈現U字形。因此，在畫領接線時，要如何表現摺線的設計感、完成後想呈現什麼造型，都要先作好決定，這在製圖上是相當重要的步驟。

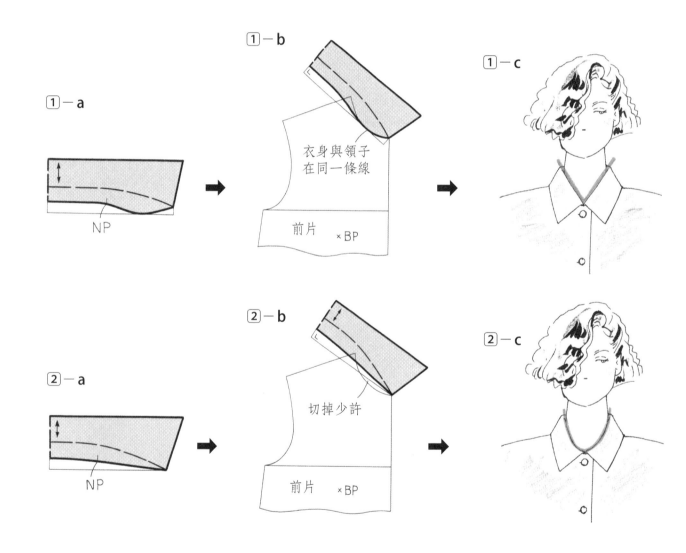

圖①—**a**與②—**a**的X分別代表領上尺寸是高或低的意思。它們分別是原型描繪的圖①—**b**與②—**b**的結果。原本領子接縫的位置，是以使用原型的b方法來畫，但如果製作了許多紙型、掌握了各種領型的X尺寸，就可以用**a**方法來畫。關於X尺寸的高

低，如果像①—**a**的襯衫領，領台（又稱領腰）有高度、領外圍宜短，則可降低X尺寸，要是像②—**a**的平貼領，無領台、領外圍必須較長時，X尺寸就要是高的。

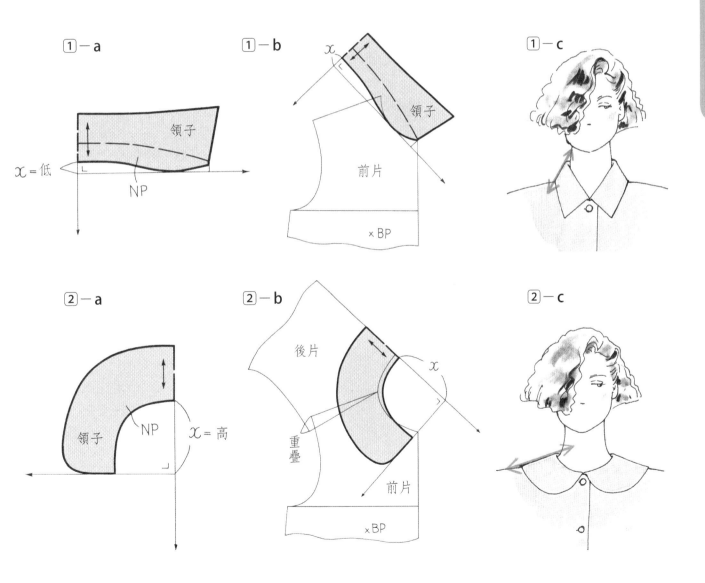

①—a

x＝低

NP

領子

①—b

x

領子

前片

×BP

①—c

②—a

領子

NP

x＝高

②—b

後片

重疊

前片

×BP

②—c

有領台的襯衫領問題點

有領台的襯衫領容易出現的問題，是衣身前端的領台下方不平整而呈波浪狀。只要如圖①剪掉約3mm就能很快解決這個問題。另外，衣身與領台的關係是，將前端筆直拉高時，接縫的領台不可突出於前端外（參見圖②）。會突出來的原因，在於使用了不適合的黏著襯，導致領子重量增加，或紙型不好。領子的紙型有③－**a**、**b**，若穿著時多半不會扣上鈕子，使用③－**b**的方式剪裁，就可以作出如圖③領子不釦外翻、穿起來也漂亮。

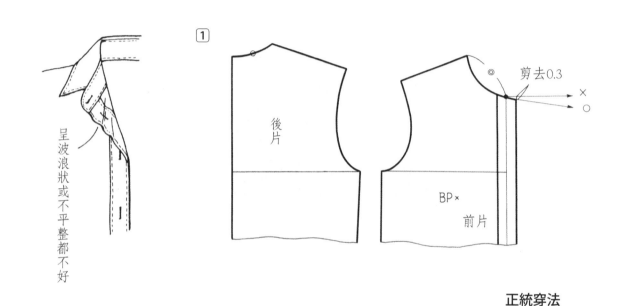

① 呈波浪狀或不平整都不好

① 後片　BP×　前片　剪去0.3　×　○

② 可以突出來

② 領台　拉高　對齊這個位置　領台不要超過此線　×BP　前片

③ 即使將領子打開，一樣整齊

正統穿法

③－**a** 上領　領台　拉高　剪去0.2　○＋◎

領子打開時

③－**b** 上領　領台　剪去0.2　○＋◎

有領台的襯衫領…衣領和衣身之間有一條帶狀布的襯衫領。

領圍可概分為橫向及縱向兩大類。就涼感來說，橫向又比縱向涼快。但不論縱橫，如果領圍開太大或太深，都會像圖①、②－**a**領口浮起不服貼。解決方式是摺疊浮起部分，轉移到胸部，如圖①、②－**b**所示。另一個補正方法是如圖①、②－**c**・**d**，僅摺疊貼邊浮起部分後車縫，也有同樣的效果。

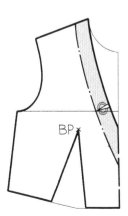
① 橫向領圍

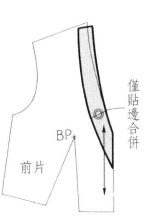
② 縱向領圍

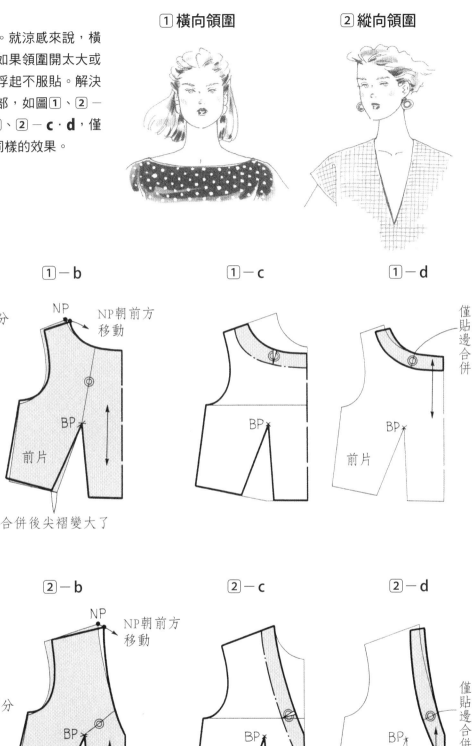

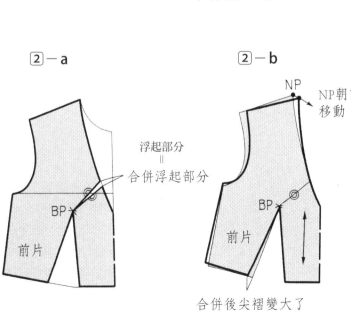

轉移到胸部…浮起部分往BP方向摺尖褶，放入胸褶內。

西裝領的畫法

雖統稱為西裝領，但在造型上還是有各種變化。像是領台高低、翻摺止點位置，以及翻領的寬度、形狀與大小等，都會依穿著者的體型與流行的趨勢而有所不同。此處要介紹的是西裝領的製圖要領。

圖①是決定整體的設計，首先將前衣身的NP內移0.5cm，再平行畫一條至前領圍1/3處的線，在這個位置決定領腰的高度。將領圍線視為圓的一部分，朝圓心的方向決定立起的角度。

圖②是畫摺領線，就是以直線連結領台立起的位置及摺領止點。前中心外移0.5至1cm，當作重疊的鬆份。

圖③是在畫好摺領線後，再憑喜好畫上翻領（含上下領片）的設計線。若是自己要穿的衣服，就在牛皮紙上摺好摺領線，將紙上的NP對齊自己的NP後站在鏡子前，找到適合的線條後畫上。

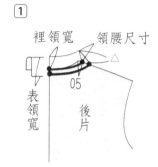

①

裡領寬　領腰尺寸
表領寬　0.5　後片

0.5　圓心
平行
領腰尺寸
×BP
前片

②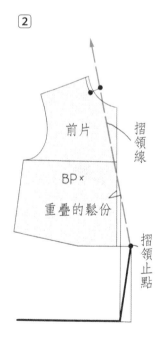

前片
摺領線
BP×
重疊的鬆份
摺領止點

③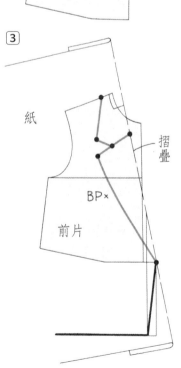

紙
摺疊
BP×
前片

自圖④－**a**開始將決定好的翻領款式圖像化，從下片翻領最寬處拉出一條與摺領線呈直角的線，在相反側取相同尺寸，再如圖④－**b**連結**a**、**b**、**c**三個點，順好弧度，就完成下片翻領的圖。

圖⑤－**a**是從**g**畫一條與摺領線呈直角的線，在相反側取相同尺寸，定出領角的**d**、**e**、**f**後，再如⑤－**b**連起來，就算畫好上片的翻領。

④－**a**

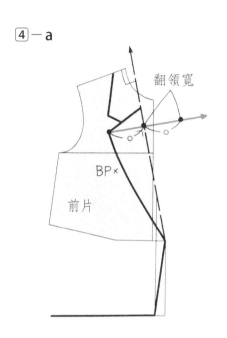

④－**b**

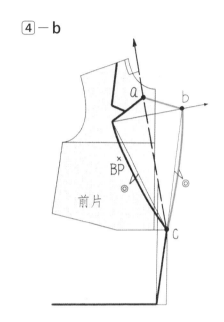

⑤－**a**

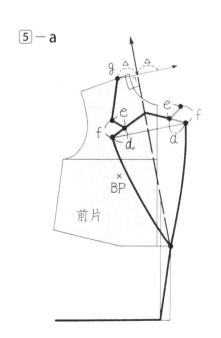

⑤－**b**

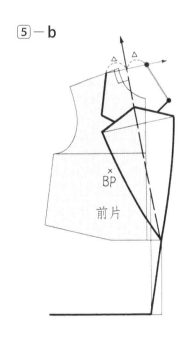

西裝領的畫法・注意事項與問題點

圖⑥－ **a**、**b**、**c**、**d**到圖⑤已經完成前衣身的領子,接著如果和**a**一樣畫好後領的設計線,再像**b**在基礎紙型上標示必要尺寸,可得出後領外圍不足的尺寸。比照**c**的作法,在基礎紙型上裁切展開不足份,後領部分就算完成了。若嫌裁開基礎紙型太麻煩,也可如**d**在決定好摺領線後,畫出領台立起

處及平行線、取後領圍的尺寸◎,並且只放倒不會產生不足的尺寸,稱為放倒尺寸。接著決定表領及裡領的寬度,畫上直角線,與前領圍連結,完成所有的領外圍線。領圍線到中途形成,比翻領線向外2cm後連結,有時會有弧度。已放倒的領圍線的連結點,如圖示,有時會連到豎起領台的位置。

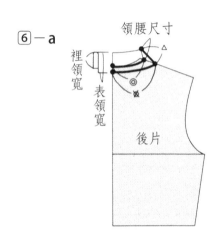

6 － a

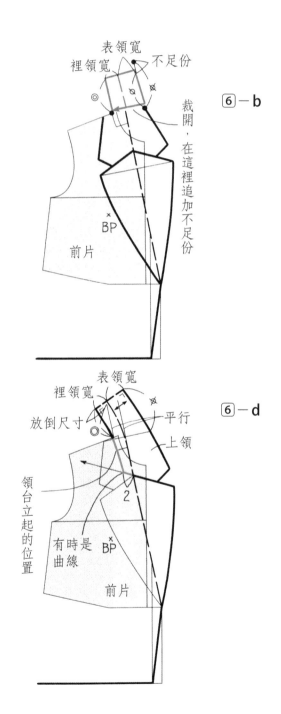

6 － b

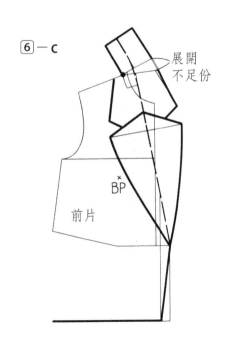

6 － c

6 － d

6 − e

凹陷

前片

6 − f

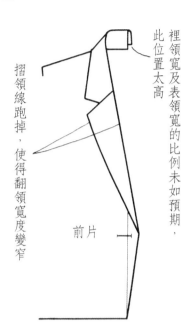

裡領寬及表領寬的比例未如預期，

此位置太高，

摺領線跑掉，使得翻領寬度變窄

前片

6 − g

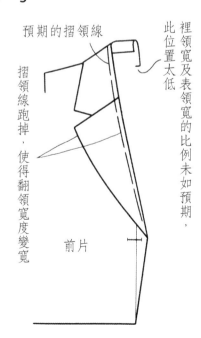

預期的摺領線

此位置太低，

裡領寬及表領寬的比例未如預期，

摺領線跑掉，使得翻領寬度變寬

前片

如圖6 − e、f、g，如果此時放倒尺寸不足，就會出現e、f的現象。相反的，若放倒尺寸太多，則會產生g的現象。

絲瓜領的畫法

絲瓜領是西裝領的應用款，從後面到摺領止點並沒有領角，而是呈弧狀向下延伸。依領片的寬窄、高低等，可變化出適合年輕、長者，或跟隨流行的多種造型。如圖①－**a**，製圖時當曲線的變化愈大，

就往左側拉出與摺領線呈直角的線條，再將領寬複製到相反側。或將摺領線摺起，以點線器或粉土筆複製領型。比照圖①－**b**、**c**、**d**、**e**整理領外圍線，再將裡領的拼接線延伸畫好。

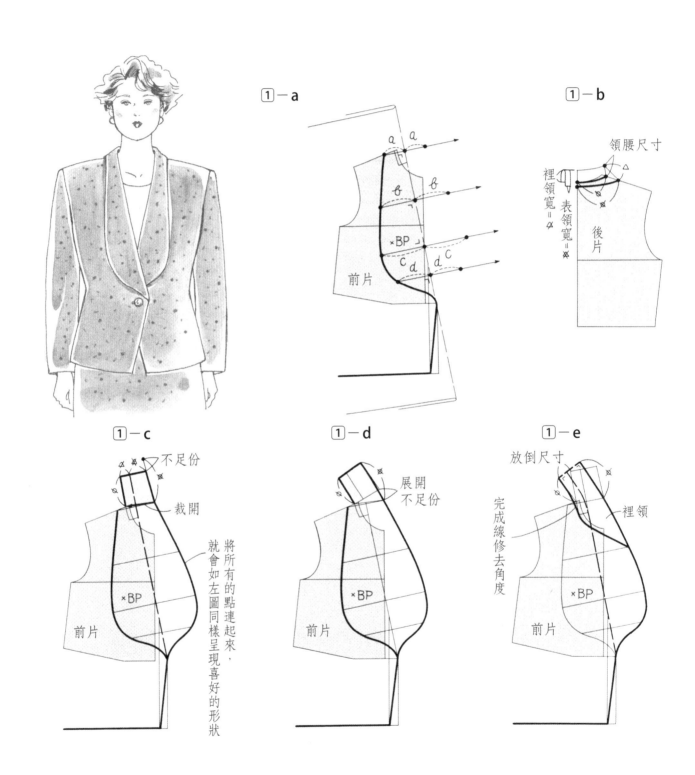

① － a

① － b

領腰尺寸

裡領寬＝
表領寬＝

後片

① － c

不足份

裁開

前片

將所有的點連起來，就會如左圖同樣呈現喜好的形狀

×BP

① － d

展開
不足份

前片

×BP

① － e

放倒尺寸

裡領

完成線修去角度

前片

×BP

圖②是衣身、裡領、表領及貼邊的製圖，有**a**和**b**兩種狀況。②－**a**是像①－**e**般NP幾乎沒有重疊（交叉），②－**b**則是在NP有許多重疊（交叉），所以如圖示，將前貼邊上端重疊部分與後貼邊合併後

裁剪。裁剪時若因布不夠寬等理由，貼邊需要拼縫時，應像②－**a'**般斜向拼縫，以避開鈕釦或開釦眼的位置。

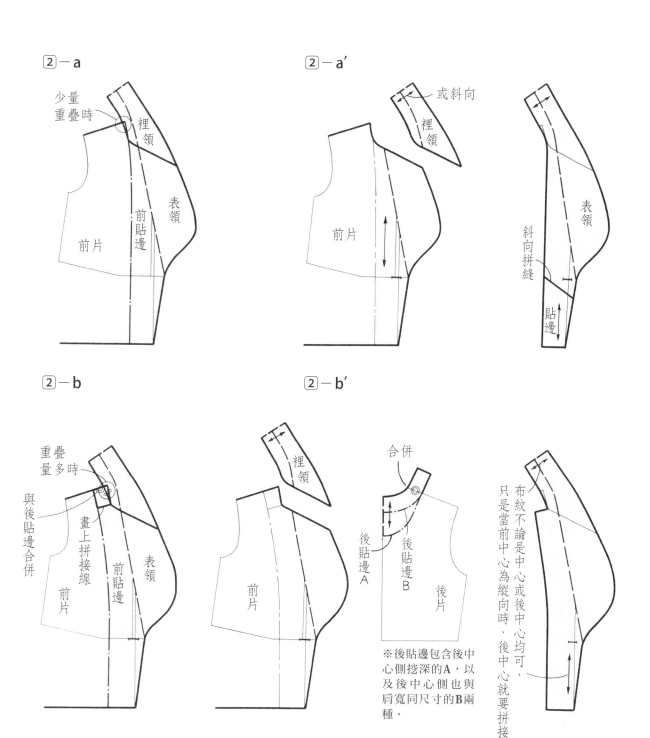

②－a

少量重疊時

裡領

表領

前貼邊

前片

②－a'

或斜向

裡領

前片

表領

斜向拼縫

貼邊

②－b

重疊量多時

與後貼邊合併

畫上拼接線

前貼邊

表領

前片

②－b'

裡領

前片

合併

後貼邊A

後貼邊B

後片

布紋不論是中心或後中心均可，只是當前中心為縱向時，後中心就要拼接

※後貼邊包含後中心側挖深的**A**，以及後中心側也與肩寬同尺寸的**B**兩種。

中高齡・高齡的體型變化與修正

不管年齡多大或體型如何，衣服穿起來要好看，需要具備以下三個條件：

①**丈量必要的尺寸。**

②**觀察體型**：要特別注意中高齡者的體型變化。

③**能夠在試穿補正前，先在紙型上完成所有補正的技術。**

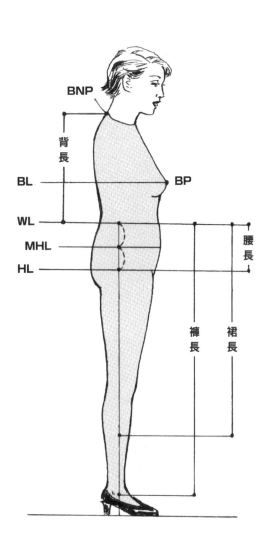

丈量必要的尺寸

胸圍…穿過BP位置環繞胸部一圈的尺寸。事先觀察從BNP（後頸點）至BL的隆起狀況。

腰圍…無法像年輕人一樣有明顯腰圍，是中高齡的體型特徵之一（參見背長一項）。

臀圍及中臀圍…臀圍是環繞HL最粗部分一圈的尺寸。腹部最突出的部分（MHL）比臀圍還寬也是中高齡體型的特徵，所以需要丈量WL及HL之間最粗的部位。

背長…背部越是圓，量出的尺寸越長。但背長是取背部打直時的尺寸，若實際丈量有困難，可以從身高的1/4減去1至2cm（背部越隆起，需減去的尺寸越多），利用人體比例算出來的尺寸作為背長。將這個位置當成腰圍線，丈量腰圍。

腰長…一般是指脇邊的WL到HL之間的距離。若因體型限制不易丈量，可以使用平均值，即WL至HL約18cm，WL至MHL約10cm。

裙長及褲長…到了這個年齡已經不太受流行所左右，多半是隨個人喜好決定長度。以平常愛穿的衣服當成參考，丈量後再考量款式及整體平衡後定出尺寸。

總之，作衣服就好比是在製作將人體放進去的美麗包裝盒，不必過分拘泥於丈量的尺寸，而是在縫製過程中，經常將人體的良好比例置於腦海中，這才是關鍵。

●中高齡豐腴體型的原型修正方法……

採取平面製圖時，最基本的上半身及下半身的原型，最好能盡量配合體型進行補正。

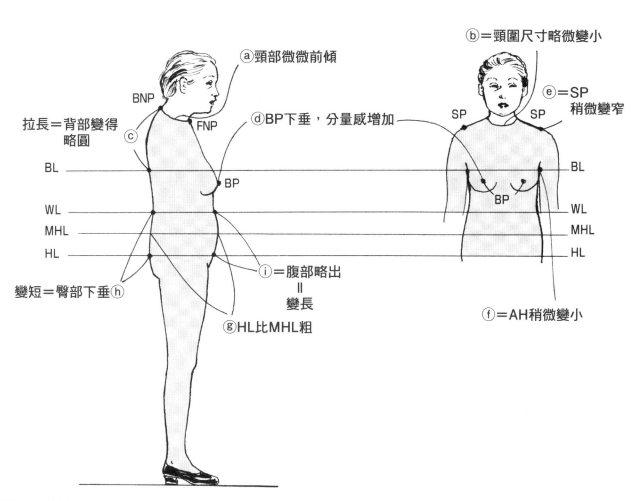

ⓐ頸部微微前傾

ⓑ＝頸圍尺寸略微變小

BNP

FNP

拉長＝背部變得略圓

ⓒ

ⓓBP下垂，分量感增加

ⓔ＝SP稍微變窄

SP   SP

BL

WL

MHL

HL

BP

變短＝臀部下垂ⓗ

ⓘ＝腹部略出
＝
變長

ⓖHL比MHL粗

ⓕ＝AH稍微變小

● 有厚度的圓筒型

● 上半身

ⓐ頸部微微前傾。

ⓑ頸圍尺寸稍小於製圖算出的尺寸。

ⓒ背部中心略呈圓形。

ⓓBP下垂、有分量感，盡量以接近標準體型的比例加以補正，會變得更好看。

ⓔ因為變成圓筒體型，所以背肩寬及肩寬都大於製圖算出的尺寸。

ⓕ當胸部變大，有時AH也可略小於製圖算出的尺寸（舒適好穿的AH尺寸，請參見P.118）。

● 下半身

ⓖ評估HL比MHL粗時，丈量時尺寸要稍寬鬆。

ⓗ後臀稍下垂。

ⓘ前腹部突出。

中高齡豐腴體型・背部隆起時（貓背或駝背）

為了拉長後BNP到BL之間的長度，比照P.11圖③的作法，裁開後衣身原型，比照下圖①在背中心線追加不足的尺寸，並因應拉長的尺寸，

增加肩褶份，以放大橫向的隆起度。如果後BNP到BL之間的長度僅不夠一點點，可如圖②直接將BNP及SNP拉高，再追加不足的尺寸。

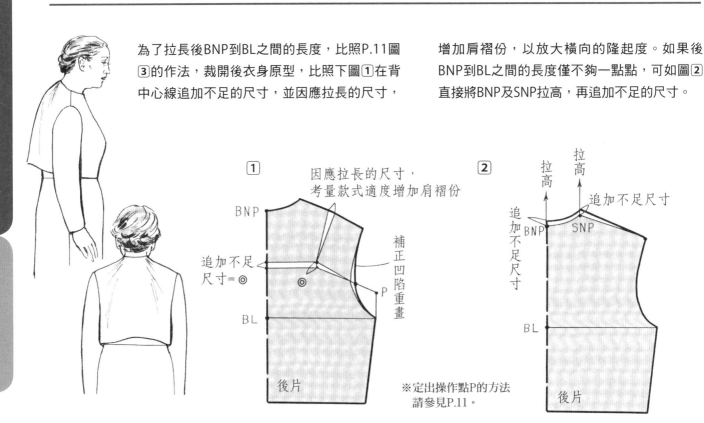

① 因應拉長的尺寸，考量款式適度增加肩褶份

BNP

追加不足尺寸＝◎

補正凹陷重畫

P

BL

後片

② 拉高　拉高

追加不足尺寸

追加不足尺寸

BNP　SNP

BL

後片

※定出操作點P的方法請參見P.11。

中高齡豐腴體型・胸圍偏大時的頸圍及袖襱修正

胸圍偏大時，可將頸圍縮小ⓑ、SP變窄ⓔ、AH縮小ⓕ，如圖①所示（ⓑ、ⓔ、ⓕ的體型變化參見P.117）。

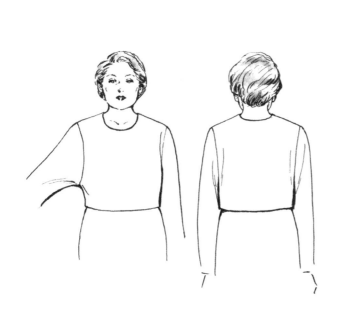

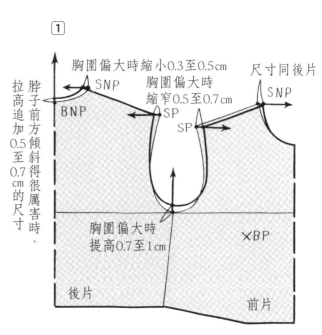

①

拉高追加0.5至0.7cm的尺寸

脖子前方傾斜得很厲害時，

胸圍偏大時縮小0.3至0.5cm

SNP

BNP

胸圍偏大時縮窄0.5至0.7cm

SP

尺寸同後片

SNP

SP

胸圍偏大時提高0.7至1cm

×BP

後片　　　前片

就像P.117ⓓ，當前胸的隆起變大，使FNP與FWP之間變成尺寸不足時，可比照P.11圖③的作法，將前衣身原型裁開，再如下圖①，按住前中心線及P點，追加不足的尺寸。因應拉長的尺寸，增加WL上的褶份。

※定出操作點P的方法請參見P.11。

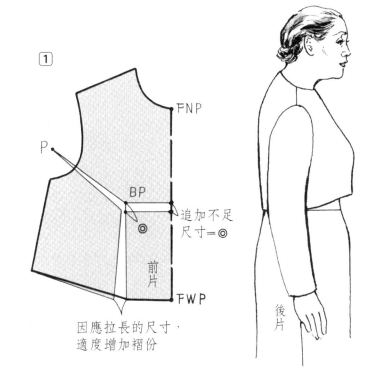

① 追加不足尺寸＝◎

因應拉長的尺寸，適度增加褶份

中高齡豐腴體型‧腹部突出，臀部下垂

下半身的後臀下垂、前腹部突出時，可參照圖①，將前中心線拉高，後中心線下移（參照P.117的ⓗ‧ⓘ）。

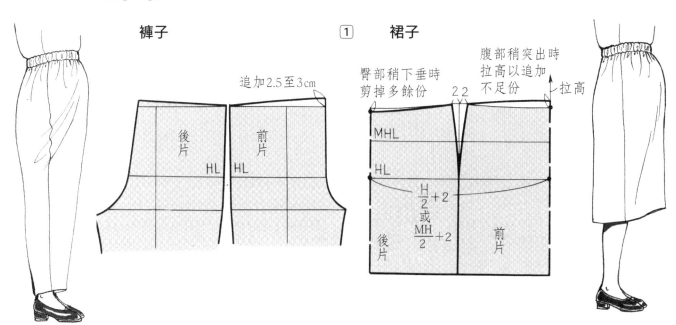

褲子

追加2.5至3cm

後片　前片

HL　HL

① 裙子

臀部稍下垂時剪掉多餘份

腹部稍突出時拉高以追加不足份

2 2

拉高

MHL

HL

$\frac{H}{2}+2$ 或 $\frac{MH}{2}+2$

後片　前片

中高齡・高齡的體型變化與修正

●中高齡偏瘦體型的原型修正方法……

中高齡也有如下圖的偏瘦體型，不一定每個都豐腴。但雖然偏瘦，卻又有別於年輕人的苗條。

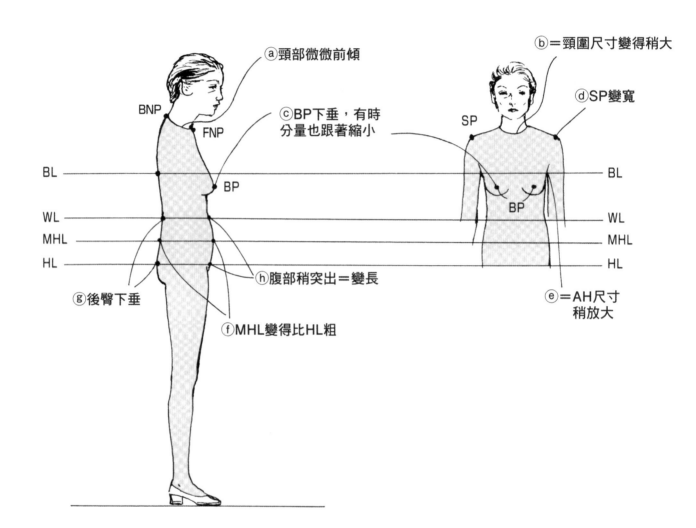

ⓐ頸部微微前傾
ⓒBP下垂，有時分量也跟著縮小
BNP
FNP
BL
BP
WL
MHL
HL
ⓖ後臀下垂
ⓗ腹部稍突出＝變長
ⓕMHL變得比HL粗

ⓑ＝頸圍尺寸變得稍大
ⓓSP變寬
SP
BL
BP
WL
MHL
HL
ⓔ＝AH尺寸稍放大

● 無厚度的扁平型
● 上半身
ⓐ頸部微微前傾。
ⓑ頸圍的尺寸稍大於製圖算出的尺寸。
ⓒBP下垂，面積變大，盡量以接近標準體型的比例加以補正。
ⓓ因為變成扁平體型，所以背肩寬及肩寬都大於製圖算出的尺寸。
ⓔ胸部變小，AH稍放大，穿起來比較舒適。

● 下半身（裙子）
ⓕMHL若稍大於HL，可將MHL的尺寸當成橫基準尺寸。
ⓖ後臀稍下垂。
ⓗ前腹部突出。

中高齡偏瘦體型・頸部前傾時

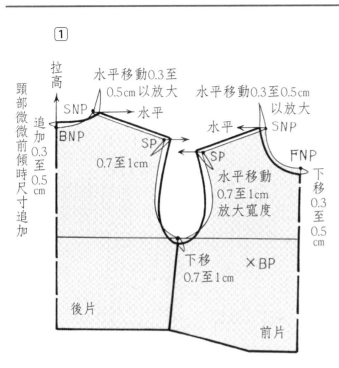

1

拉高

頸部微微前傾時尺寸追加

追加0.3至0.5cm

SNP
BNP

水平移動0.3至0.5cm以放大
→ 水平

SP

0.7至1cm

水平移動0.3至0.5cm以放大

水平
SNP
SP

水平移動0.7至1cm放大寬度

FNP

下移0.3至0.5cm

下移0.7至1cm

×BP

後片

前片

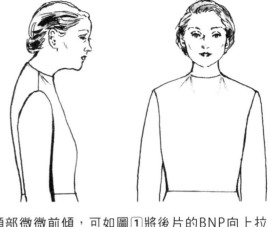

當頸部微微前傾,可如圖1將後片的BNP向上拉高,追加不足尺寸。若是頸部四周變大,也是如圖1,水平移動前後片的SNP以放大領圍。至於BP下垂和隆起度變小的問題,請參照P.124高齡體型圖1的作法補正。背肩寬和肩寬的變化,也如圖1水平移動前後SP,增加寬度。

(ⓐⓑⓒⓓ體型變化狀態參見P.120)

中高齡偏瘦體型・想放大袖襱時

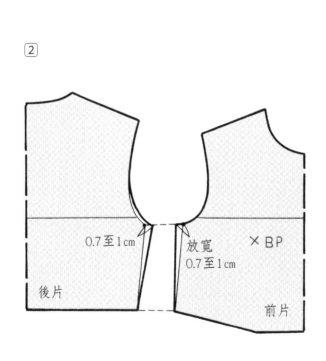

2

0.7至1cm

放寬0.7至1cm

×BP

後片

前片

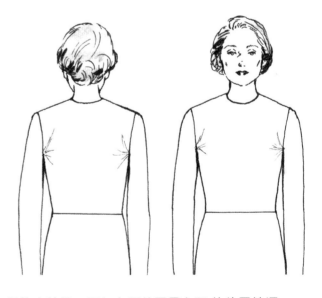

想放大袖襱,可如上面的圖1在BL的位置挖深。而所謂大小適合的袖襱,是指臂根圍尺寸再加上10%。如果依此補正後還是覺得不夠大,可如圖2從下移後的位置再向外移至理想的尺寸。

高齡・高齡的體型變化與修正

●關於高齡體型的原型修正方法……

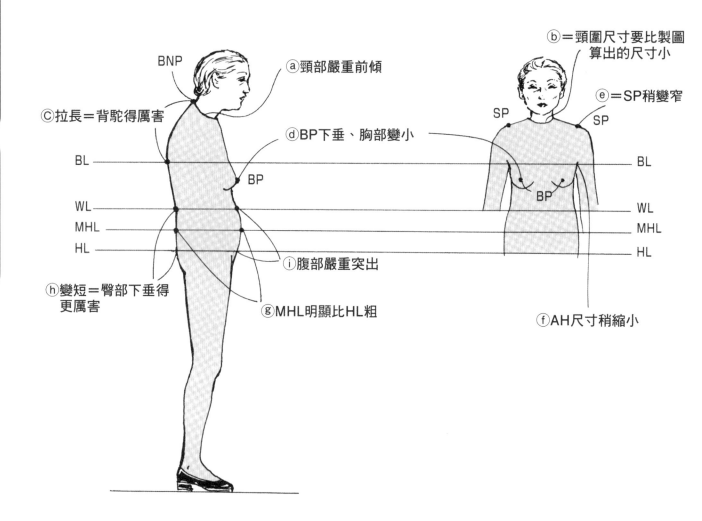

●**上半身**

ⓐ頸部嚴重前傾。

ⓑ頸圍尺寸變得比製圖算出的尺寸小。

ⓒ背駝得厲害。

ⓓBP下垂，分量感縮減。

ⓔ背肩寬及肩寬變得比製圖算出的尺寸窄。

ⓕ當胸部大時，袖襱有時可稍小於製圖算出的尺寸。

●**下半身（裙子）**

ⓖMHL明顯比HL粗。

ⓗ後臀更下垂。

ⓘ腹部嚴重突出。

就像P.122的圖示，頸部嚴重前傾時，可依圖② － **a**將BNP向上拉高，追加不足尺寸。背駝得厲害時，就有必要將背部的尺寸拉長。比照圖① － **a**，畫出切口的操作線，且加深切口線的位置。畫好後，按住BNP及P點，將背中心線展開，追加上不足尺寸，如圖② － **a**。因應長度拉長，可參酌設計，將肩褶的褶份放大，以增加橫向的隆起度。

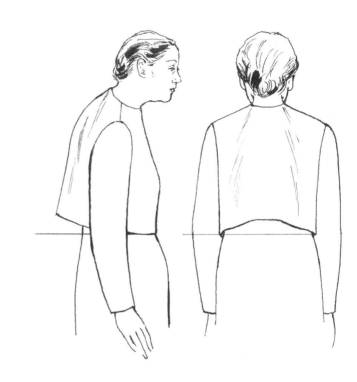

① － a

② － a

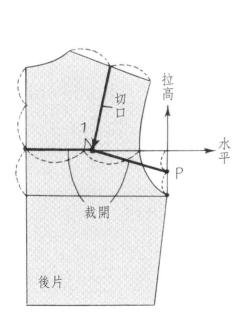

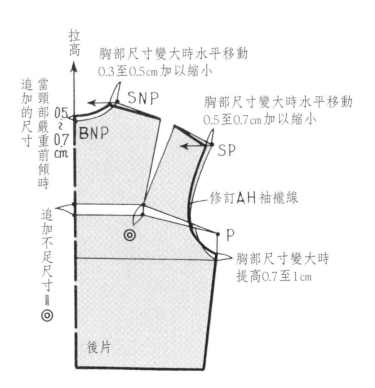

高齡體型・加入剪接線時

這是一個補正及加入剪接設計的例子。如圖**a**畫上設計線，再如圖**b**將尖褶合併。

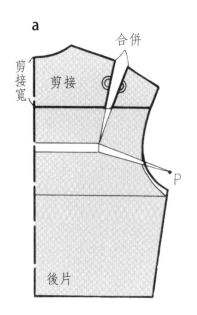

a

剪接寬

剪接

合併

剪接

P

後片

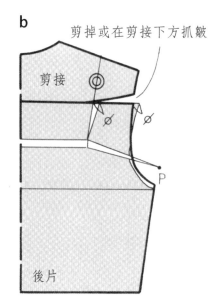

b

剪掉或在剪接下方抓皺

剪接

P

後片

高齡體型・胸部下垂・前中心變短時

當胸部尺寸偏大時，可如圖①在SNP的位置縮小頸圍尺寸、縮窄SP寬度、或縮小AH等，邊觀察體型邊操作。若是BP下垂、胸隆起變小，使前中心變短時，可使用P.11圖③的操作線，如右圖按住前中心線的BPL及P點，重疊偏長部分，再重疊胸部變低的部分。接著因應長度，將橫向隆起當成多餘部分在前腰圍線上重疊。藉由調整長寬的比例，就可以將隆起度漂亮的降低。

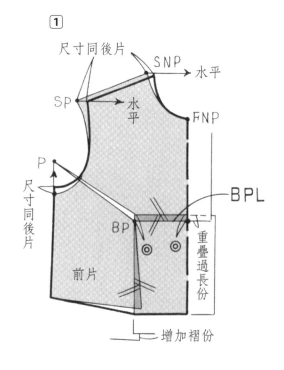

①

尺寸同後片

SNP

水平

SP

水平

FNP

P

尺寸同後片

BP

BPL

重疊過長份

前片

增加褶份

※操作P點的方法請參見P.11。

裙子

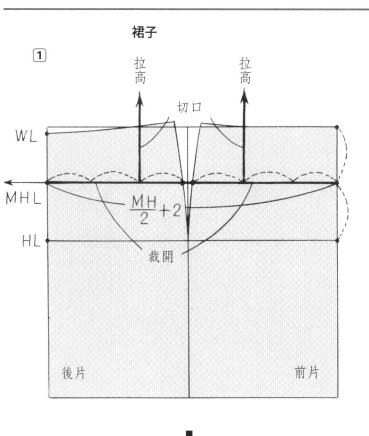

在下半身，中臀的尺寸明顯比臀部大，可將中臀尺寸當成橫向的基本尺寸。操作順序為 ① → ②。

裙子　　　長褲

褲子

稍微突出時可以使用這個方法。

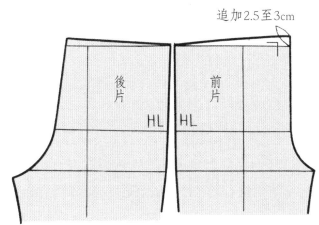

追加2.5至3cm

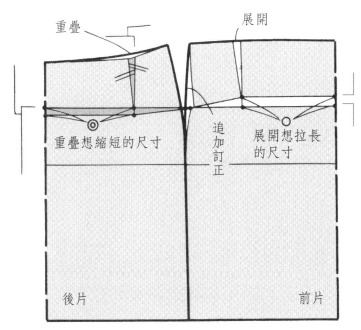

L・S尺寸的注意事項

關於L・S尺寸

不論是什麼時代、什麼年齡，每個女人都希望自己看起來美麗、漂亮。碰上剪裁不佳、不好穿或不合身的衣服，不僅身體感到不舒服，心情也會連帶受影響而覺得疲累。明明是L及S尺寸的身材，卻硬要穿著M尺寸，結果不是太鬆，就是太緊，反而會變得不好看。重點應該要放在，如何將身材修飾得比例勻稱，展現美麗體態。所謂的胖瘦，其實是無法一言以蔽之，就算是L尺寸（豐腴體型或胖的）或S尺寸（偏瘦體型或瘦的），還是可以再細分出各式各樣的體型。

●**L尺寸的人**

①體型大，比例佳。

②體型大，但比例欠佳（有的部位太粗、有的太大等）。

　a 胸部大而有些下垂

　b 胸部大而挺

　c 背部很駝。

●**S尺寸的人**

③體型小，比例佳。

④體型小，但比例欠佳（有的部位太小）。

　a 胸部小

　b 上半身前屈

女裝的原型是以成人女性的平均體型為基準，不論從縫製的效率、好穿度，或比例上來說，都有必要進行所謂的原型補正。

一般雖通稱L尺寸或S尺寸，但其實年輕人和高齡者在體型的比例上有很大的差別。例如就算胸圍尺寸一樣，但年輕人的腰圍通常要比高齡者來得細，而尺寸參考表中卻只有標出基本的胸圍和背長。

L尺寸

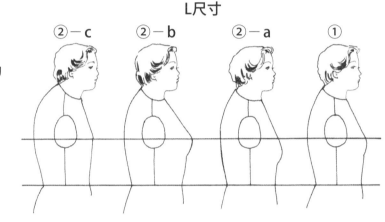

S尺寸

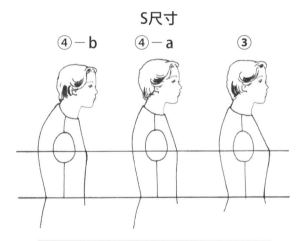

L・S尺寸參考表						
	S	M	L	2L	3L	4L
胸圍	76	82	94	100	106	112
背長	36	37	38	39	40	41

● L尺寸的人（參照P.126的體型圖）

①是胸圍在90cm以上、體型大但比例良好，可視為L尺寸。原型有一部分是使用固定尺寸，且多半是依照胸圍的尺寸推算的。胸圍雖大，頸部、手臂及肩寬未必會跟著變大，所以要如圖①進行原型修正。實際肩寬如果不像L尺寸那麼寬，會不容易決定肩點，可從家居服中挑一件最舒適的丈量後作決定。因為豐滿，很多人都會變成圓筒體型，手臂並不像依胸圍比例推算的那麼粗，如圖①進行修正後，務必要再丈量一下袖襱的尺寸。修正後的袖襱，大約是臂根圍加上4cm左右（約為袖襱尺寸的10%），穿起來是最舒服的。②－**a**會出現前衣身不夠長的問題，使用圖①的修正原型，再參照P.12「胸部較高時」的作法拉長前衣身。BP下垂，看起來會不再那麼年輕，必須調整好整體的比例。圖②－**b**和②－**a**一樣，也是進行拉長前衣身的修正。②－**c**則不只正面發達，肩膀也肉多厚實，可使用圖①的原型修正，另參考P.30「駝背或背部渾圓時（貓背）」的作法，增加背長及後衣身長。

L尺寸

①

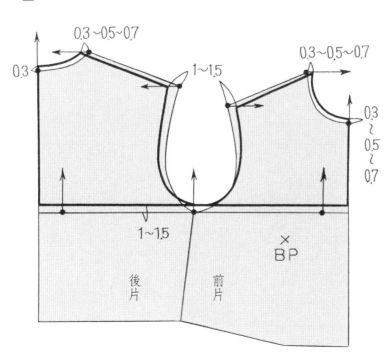

參見P.12「原型的畫法」。

S尺寸の原型修正

● **S尺寸的人**（參照P.126的體型圖）

體型圖③的狀況是胸圍在78cm以下，比例佳但體型小，可視為瘦身體型。由於身體厚度偏薄，多半身材扁平。胸部小，但肩部比較寬，聳肩是一個特徵。和L尺寸一樣，胸圍雖小，頸部、手臂及肩寬未必跟著變小，所以要如下圖②進行原型修正。袖襱則和L尺寸相反，容易變得太窄，確認修改後的尺寸是不是約為臂根圍再加10%。結果通常要將BL往下

移，或如圖③從脇邊放大袖襱。至於肩寬，容易出現尺寸不足，也可比照L尺寸的作法，以家居服中喜歡的大小為準進行修正。④－**a**的狀況是前衣身太長，可使用圖②的修正原型，再參照P.12「胸部較低時」的作法，縮短前衣身。④－**b**和a相同，也是進行縮短前衣身的修正。此外，反身體型及屈身體型請參考P.14的作法。

S尺寸

②

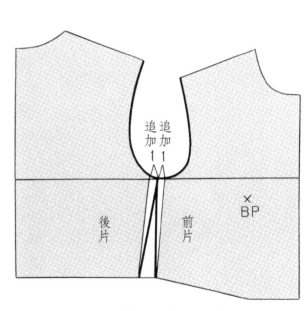

③

當袖襱尺寸不足時於前後脇追加尺寸。

調整紙型尺寸的方法（放樣）

增減裙襬圍的尺寸時

所謂放樣，是指在不影響設計感及比例下，有效率的依照希望的尺寸縮小或放大的方法。

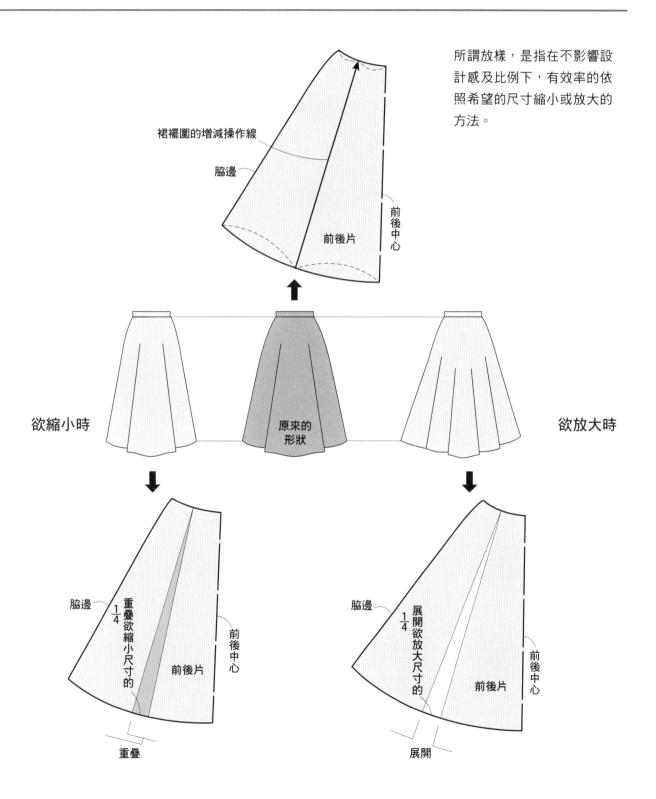

裙襬圍的增減操作線

脇邊

前後片

前後中心

欲縮小時

原來的形狀

欲放大時

脇邊

重疊欲縮小尺寸的 $\frac{1}{4}$

前後片

前後中心

重疊

脇邊

展開欲放大尺寸的 $\frac{1}{4}$

前後片

前後中心

展開

加長或縮短裙長時

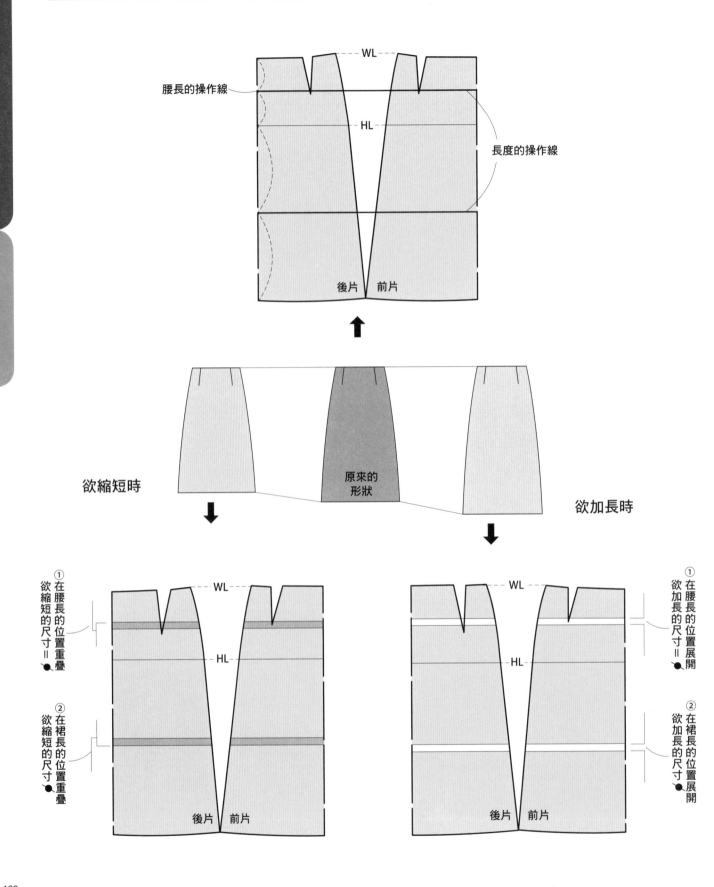

WL

腰長的操作線

HL

長度的操作線

後片　前片

欲縮短時

原來的
形狀

欲加長時

① 在腰長的位置重疊
欲縮短的尺寸＝
●↘

② 在裙長的位置重疊
欲縮短的尺寸＝
●↘

WL

HL

後片　前片

① 在腰長的位置展開
欲加長的尺寸＝
●↘

② 在裙長的位置展開
欲加長的尺寸＝
●↘

WL

HL

後片　前片

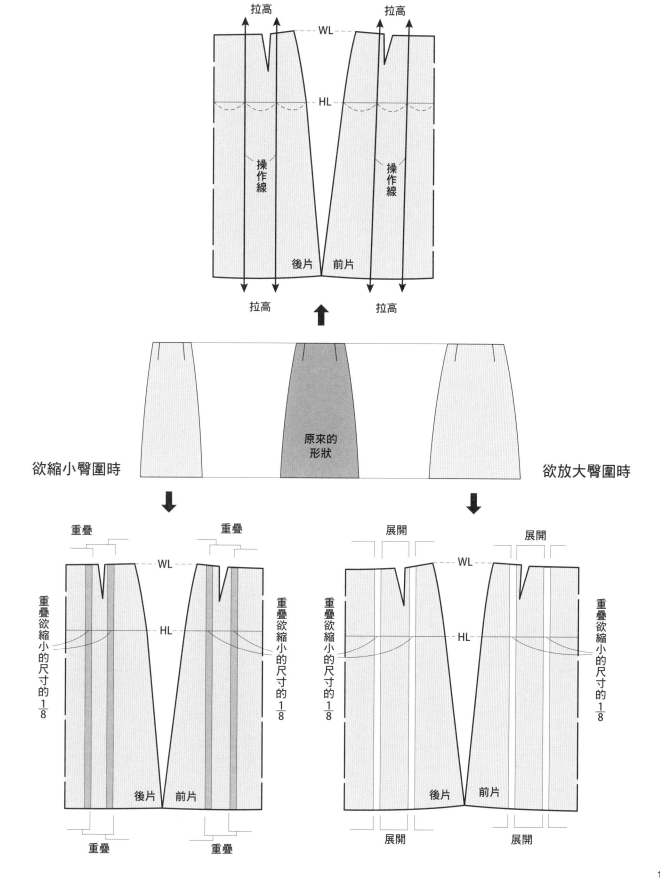

拉高　拉高　　　　拉高　拉高

WL

HL

操作線　　操作線

後片　前片

拉高　　　　拉高

欲縮小臀圍時　　　　　原來的形狀　　　　　欲放大臀圍時

重疊　　重疊　　　　展開　　展開

WL

重疊欲縮小的尺寸的 $\frac{1}{8}$　　HL　　重疊欲縮小的尺寸的 $\frac{1}{8}$　　重疊欲縮小的尺寸的 $\frac{1}{8}$　　HL　　重疊欲縮小的尺寸的 $\frac{1}{8}$

後片　前片　　　　後片　前片

重疊　　重疊　　　　展開　　展開

加長或縮短褲長時

欲縮短股上時

重疊欲縮短的股上尺寸

後片

WL

HL

股上的操作線

股上

KL

褲長的操作線

後片

前片

褲長

展開欲加長的股上尺寸

展開欲加長的股上尺寸

HL

前片

欲縮短褲長時

WL

HL

股上

重疊

重疊欲縮短尺寸的 $\frac{1}{2}$

KL

重疊

重疊

重疊欲縮短尺寸的 $\frac{1}{2}$

重疊

後片

前片

褲長

欲加長褲長時

WL

HL

股上

展開

展開欲加長尺寸的 $\frac{1}{2}$

KL

展開

展開

展開欲加長尺寸的 $\frac{1}{2}$

展開

後片

前片

褲長

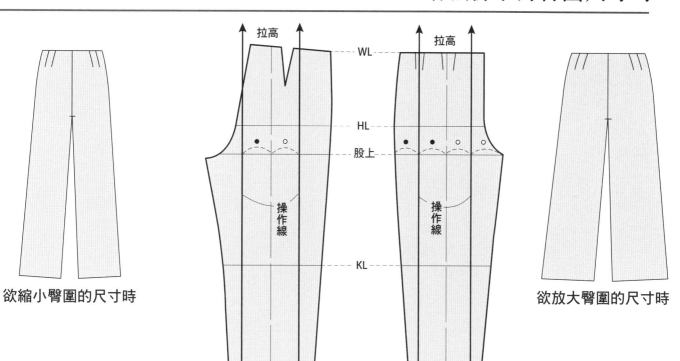

欲縮小臀圍的尺寸時

欲放大臀圍的尺寸時

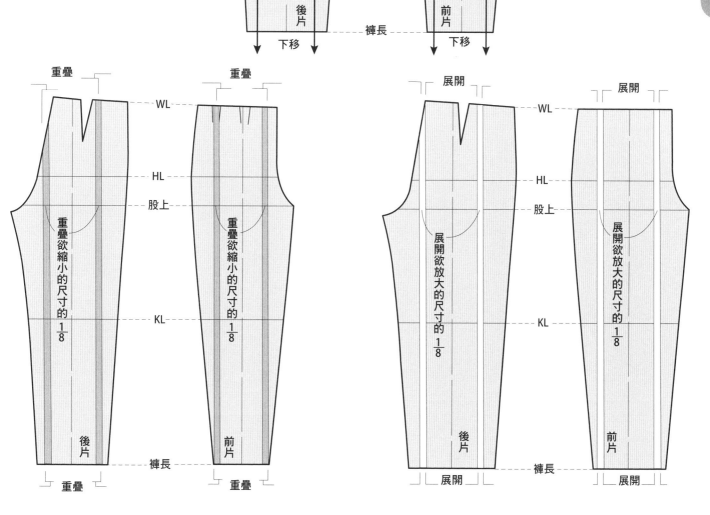

加長或縮短連身裙・上衣的長度時

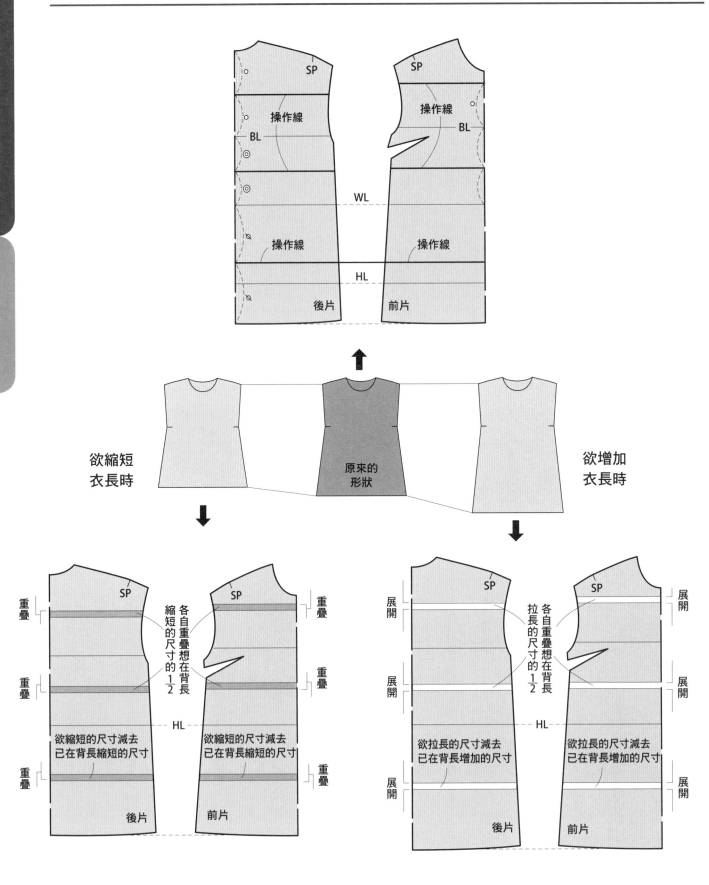

SP
操作線
操作線
BL
WL
操作線
操作線
HL
後片　前片

欲縮短
衣長時

原來的
形狀

欲增加
衣長時

SP　SP
重疊　各自重疊想　重疊
　　　縮短的
　　　尺寸在背長
　　　的 $\frac{1}{2}$
重疊　　　　　　重疊
HL
欲縮短的尺寸減去　欲縮短的尺寸減去
已在背長縮短的尺寸　已在背長縮短的尺寸
重疊　　　　　　重疊
後片　前片

SP　SP
展開　各自重疊想　展開
　　　拉長的
　　　尺寸在背長
　　　的 $\frac{1}{2}$
展開　　　　　　展開
HL
欲拉長的尺寸減去　欲拉長的尺寸減去
已在背長增加的尺寸　已在背長增加的尺寸
展開　　　　　　展開
後片　前片

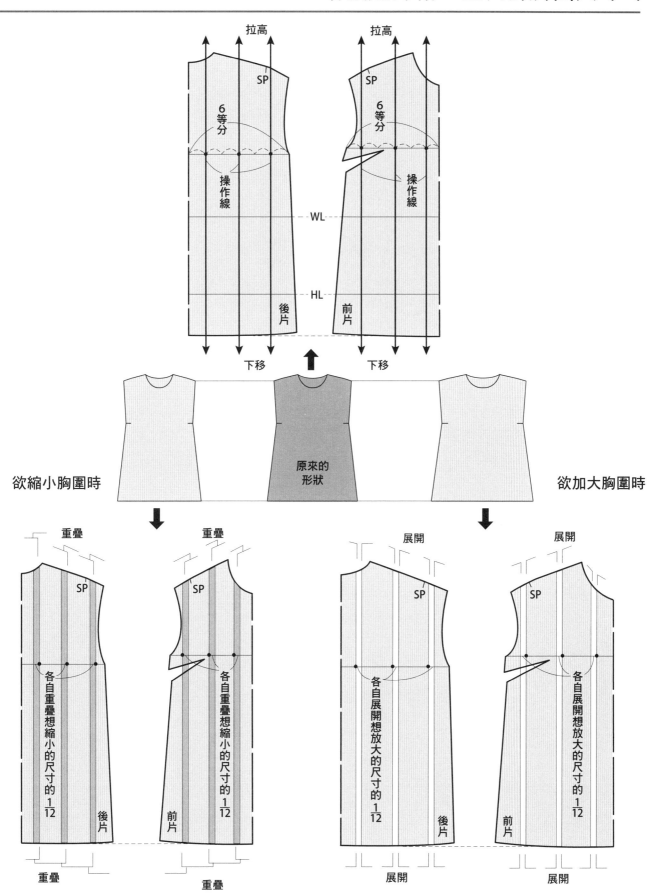

拉高　　拉高

SP　　SP

6等分　6等分

操作線　操作線

WL

HL

後片　前片

下移　　下移

原來的形狀

欲縮小胸圍時　　　　　　　　　　　　欲加大胸圍時

重疊　重疊　　　　　　　　　　展開　展開

SP　SP　　　　　　　　　　SP　SP

各自重疊想縮小的尺寸的 $\frac{1}{12}$

各自重疊想縮小的尺寸的 $\frac{1}{12}$

各自展開想放大的尺寸的 $\frac{1}{12}$

各自展開想放大的尺寸的 $\frac{1}{12}$

後片　前片　　　　　　　　　　後片　前片

重疊　　重疊　　　　　　　展開　　展開

欲增減袖長時

※衣身的增減請參見P.134・P.135。

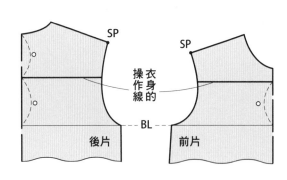

SP

SP

衣身的操作線

BL

後片

前片

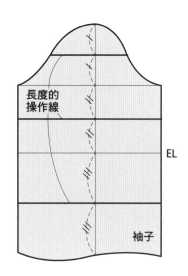

長度的操作線

EL

袖子

欲縮短袖長時

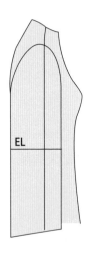

EL

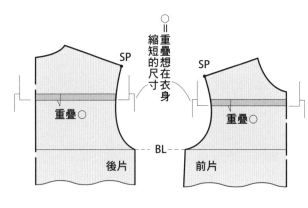

◎＝重疊想在衣身縮短的尺寸

SP

SP

重疊○

重疊○

BL

後片

前片

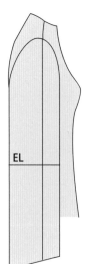

◎＝想縮短的袖長減去已在袖山縮短的尺寸（○）

重疊○

重疊$\frac{◎}{2}$

重疊$\frac{◎}{2}$

EL

袖子

欲加長袖子時

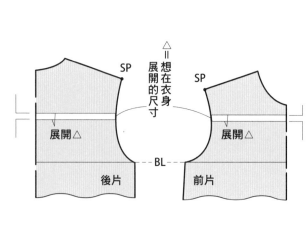

△＝想在衣身展開的尺寸

SP

SP

展開△

展開△

BL

後片

前片

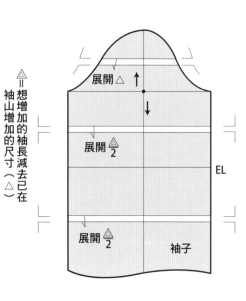

△＝想增加的袖長減去已在袖山增加的尺寸（△）

展開△

展開$\frac{△}{2}$

展開$\frac{△}{2}$

EL

袖子

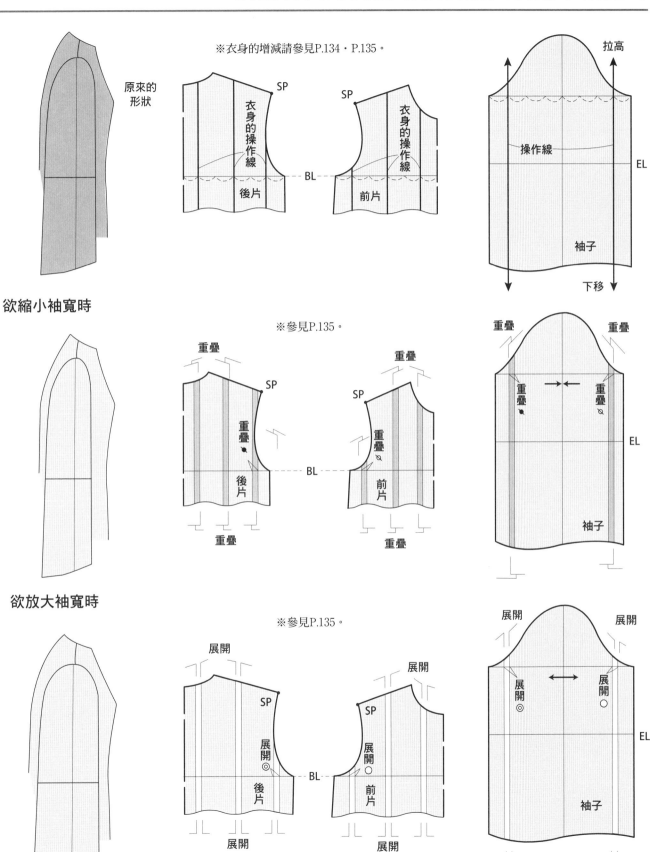

原來的形狀

※衣身的增減請參見P.134・P.135。

SP
衣身的操作線
後片
BL

SP
衣身的操作線
前片

拉高
操作線
EL
袖子
下移

欲縮小袖寬時

※參見P.135。

重疊
SP
重疊
後片
BL

SP
重疊
前片
重疊

重疊

重疊
重疊
重疊
EL
袖子

欲放大袖寬時

※參見P.135。

展開
SP
展開
後片
BL

展開
SP
展開
前片

展開
展開

展開
展開
EL
袖子
展開
展開

137

圖紋的排放配置

格紋的排列方式

衣服上的圖紋排列得整齊又漂亮，就像是從一大塊布中擷取出最精華的部分加以排列組合般。只不過人體是立體的，紙型必須透過曲線、直線、傾斜、縮縫或伸展等各種技巧，才能化平面為立體。其中，方格或條狀的排列，可說是難度很高的技術。

尤其格子是由縱向與橫向的條紋組成，格子的大小及配色要如何排列，左右著格紋的表情與氛圍。必須多方考量後再作決定。接著就以外套為例作說明。

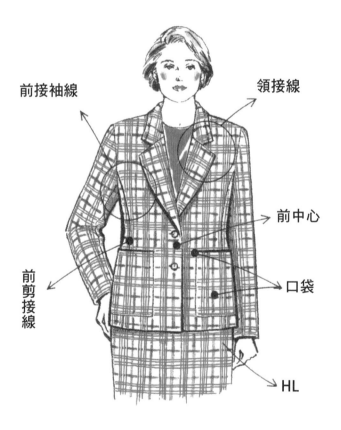

前接袖線　領接線　前中心　口袋　前剪接線　HL

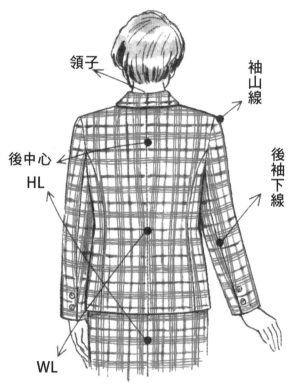

領子　袖山線　後中心　HL　後袖下線　WL

● 先根據直紋及橫紋，來**決定圖紋的基準線**。雖然格子的大小、線條組細的組合，及配色，可全憑個人喜好作決定，但這個決定對於成品的視覺效果有很大的影響。

● 為避免對齊時將順序搞混了，可依下表列出的步驟，配合紙型包含的部位決定對紋時的順序。

● 當**格紋**或**條紋**等圖案越大，需要的布量會越多於素色時。大約要多買一至三成的布。

● **衣身**Ⓐ的位置是穿起來最容易吸引目光的地方，不論是將釦子釦上，或打開不釦，都必須是可保有一定穩定感的位置。

１ 衣身

（②、①、③、④、WL、HL、平衡、留意格子色彩的、後片、脇邊、口袋、前片、Ⓐ、Ⓒ、Ⓑ、視為同一個圖案）

２ 裙子

（HL、Ⓓ、後片、前片、⑥、⑤）

《 定出格紋的基本線 》

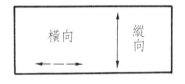

橫向　縱向

《 對紋順序 》

紙型 縱橫	衣身				裙子和腰帶			領子		貼邊			袖子		
	①	②	③	④	⑤	⑥	⑦	⑧	⑧'	⑨	⑨'	⑩	⑪	⑪'	
縱	前中心	鈕釦位置	脇邊	口袋	前中心	後中心	腰帶前中心	後中心	前端側	前中心	翻領前端側	貼邊	袖山	外袖山	內袖山
	Ⓐ	Ⓑ		Ⓒ	Ⓓ		Ⓔ	Ⓕ	Ⓕ'	Ⓖ	Ⓖ'	Ⓗ	Ⓘ	Ⓙ	Ⓘ　Ⓙ'
橫	WL	HL		口袋	HL		腰帶中心	領台	前端側	WL	翻領前端側	貼邊	決定圖案對齊位置	對齊衣身Ⓘ與圖案	決定圖案對齊位置　對齊衣身Ⓘ與圖案

● **裙子** 圖案的印象會造成裙長不一的錯覺。請依視覺印象考量增減。

● **領子** 可如下圖所示，分成在領後中心決定縱橫圖案的A，以及在領子前端決定縱橫圖案的B。B的後中心會變成縫合處。

● **貼邊** 先試著和已經對好圖案的衣身及衣領對齊後再作決定。衣領若採用A方式，最好貼邊也用A，若衣領是B方式，貼邊也用B。

● **袖子** 有分一片袖及兩片袖。請視素材調整縮縫份。

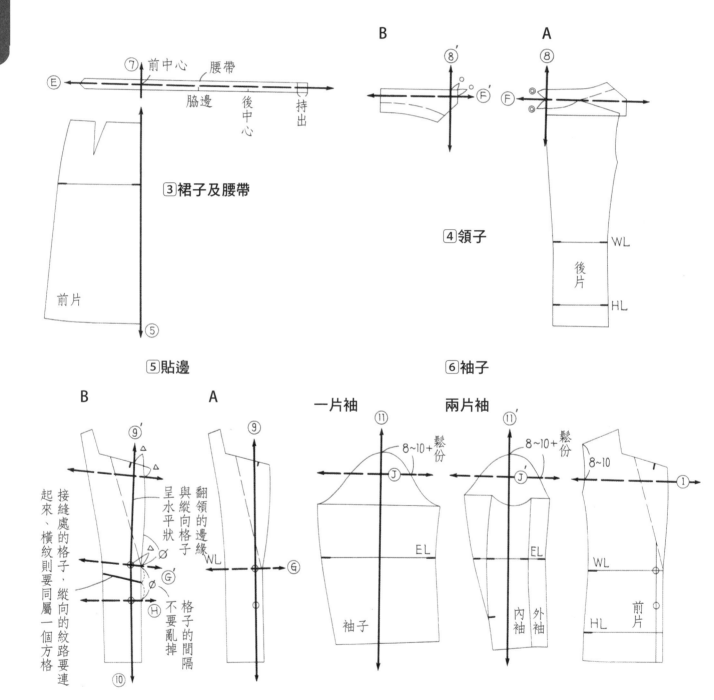

③裙子及腰帶

④領子

⑤貼邊

⑥袖子

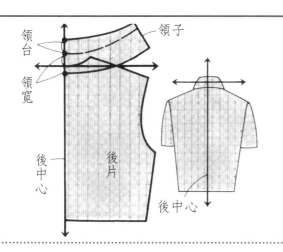

後衣身與衣領

對齊衣領的後中心與衣身的後中心。包含縱向與橫向的格紋等圖案，如左圖排放紙型，對齊圖案。也可將條紋或格紋以鉛筆複寫在胚布等其他布上，假縫後再開始裁剪。

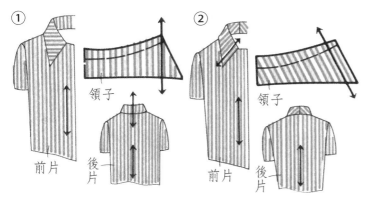

翼領

在後中心對齊圖紋時，如果是直條紋，從前面看領子會如圖①變成橫紋。要是橫紋實在不符合設計，可如圖②在領子的前端直裁，這樣就不會和衣身的圖案產生不協調感。由於在一片裁剪中，左右領子的圖案會不同，所以要左右各自裁剪。此時縫合點在領子的後中心。

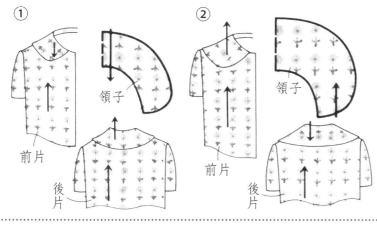

平貼領

如圖示，領片有大有小，對齊圖案的方式也不同。如果是小領片，則如圖①，在後中心對齊衣身及領子的圖案後，將紙型放在布上剪裁。相反的，如果是大領片，則如圖②，對齊前衣身及領子的圖案，以便穿著時從正面看起來衣領及衣身顯得俐落、簡潔。

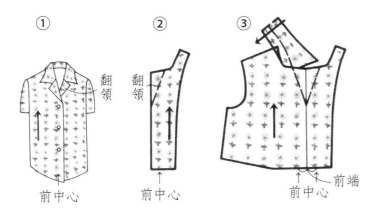

國民領

國民領在穿著時，領側（翻領）會向外翻，一定要特別注意貼邊的圖案配置。圖①是對齊前中心的圖案，圖②是在使用另外裁剪的貼邊時，要對齊前衣身中心的圖案與貼邊的前中心位置。依圖③方式裁剪的貼邊，保持前衣身和貼邊的前中心圖案一樣，兩者的中間變成前端的褶線。

Sewing 縫紉家 19

專業裁縫師的紙型修正祕訣
以市售&手作書附錄紙型作出最合身的手作服(暢銷版)

作　　者／土屋郁子
譯　　者／瞿中蓮
發 行 人／詹慶和
執行編輯／劉蕙寧
編　　輯／蔡毓玲‧黃璟安‧陳姿伶
執行美編／周盈汝
美術編輯／陳麗娜‧韓欣恬
內頁排版／造　極
出 版 者／雅書堂文化事業有限公司
發 行 者／雅書堂文化事業有限公司
郵撥帳號／18225950
戶　　名／雅書堂文化事業有限公司
地　　址／新北市板橋區板新路206號3樓
電　　話／(02)8952-4078
傳　　真／(02)8952-4084
網　　址／www.elegantbooks.com.tw
電子郵件／elegant.books@msa.hinet.net

2021年3月二版一刷　定價 580 元

Lady Boutique Series No.3702 Utsukushiku Kiyasui Katagami Hosei
Copyright © 2013 Boutique-sha, Inc.
All rights reserved.
Original Japanese edition published in Japan by BOUTIQUE-SHA.
Chinese (in complex character) translation rights arranged with BOUTIQUE-SHA
through KEIO CULTURAL ENTERPRISE CO., LTD.

經銷／易可數位行銷股份有限公司
地址／新北市新店區寶橋路235巷6弄3號5樓
電話／(02)8911-0825
傳真／(02)8911-0801

作者簡介

土屋郁子

‧生於東京。文化服裝學院畢業後在母校執教鞭。之後留學巴黎，畢業於CHAMBERS SYNDICAL DE LA COUYER PARISIENNE。曾遊學歐洲、美國及亞洲等40多個國家。文章散見《SOEN》、《Mrs.》、《Lady Boutique》、《主婦與生活》、《婦人百科》等，並參與NHK TV的《漂亮工房》等節目演出。
‧著有《手作圍裙》、《裙子設計112款》、《歲時記》。
‧經歷：文化服裝學院教授、文化學園大學（原文化女子大學）講師。服裝人才養成產學協議會專門委員、日本流行教育振興協會檢定事業委員、日本女童子軍連盟宣傳委員。

〔STAFF〕

編　　輯／渡辺恭子
內頁設計／梁川綾香
封面插圖／小崎珠美
紙型摹寫／白井郁美

國家圖書館出版品預行編目(CIP)資料

專業裁縫師的紙型修正祕訣：以市售&手作書附錄紙型作出最合身的手作服/ 土屋郁子 著；瞿中蓮譯.－二版. – 新北市：雅書堂文化, 2021.03
　面；　公分. -- (Sewing縫紉家; 19)
ISBN 978-986-302-579-5(平裝)
1.縫紉 2.衣飾 3.手工藝
426.3　　　　　　　　　　　110003273

拼布迷必備の【入門/進階】經典學習指南

各大拼布教室老師愛用教學參考使用雜誌

日本拼布職人不藏私細解拼布基礎&進階技巧

《Patchwork 拼布教室》是一本專門介紹拼布教學的專業雜誌，從基礎的拼布基礎課程、傳統圖形拼接方法、
基礎縫紉知識、基礎刺繡作法、拼布圖案設計、簡易布作小物等，皆以詳細又精準的圖文解說。
內附原寸紙型，搭配作法，可立即上手完成個人喜愛的拼布作品，本書是新手必備的拼布指南，
也是進階者們的設計靈感聖典，對於想讓拼布功力更上一層樓的手作人而言，
Patchwork 拼布教室絕對是值得您每一期都用心收藏的經典參考工具書。

日本ブティック社
獨家授權
繁體中文版

Patchwork拼布教室02
擁抱春天の美麗布作新美學
BOUTIQUE-SHA ◎授權
平裝／112頁／23.3×29.7cm ／彩色＋單色
定價 380 元

機縫＋手縫必備

服裝製作經典百科　華麗增訂·磅礡登場

從學習量身開始，循序漸進介紹製圖、排列紙型及各種服裝細節製作方式。

清楚淺顯的列出各種基本工具、製圖符號、身體部位簡稱。打版製圖則一次教你三種系統，

讓新手的縫紉基礎可以穩紮穩打！

而衣服的領子、袖子、口袋、腰頭、下襬都有好多種不一樣的設計，學會了怎麼打版製圖，

也別忘了看看要怎麼車縫表現才完美喲！

2016年的暢銷增訂版，重新繪製了精美插圖與圖示，並加入更多文化式原型的變化款式。

絕對是縫紉新手與老手都不能錯過的經典參考書！

專 業 審 訂

嶺東科技大學流行設計系
馮家慧 老師

實踐大學服裝設計學系
鍾瑠美 老師

全圖解 ── 裁縫聖經
晉升完美裁縫師必學基本功（暢銷增訂版）

Boutique-sha ◎著

平裝／624 頁／21×26cm／雙色

定價 1200 元

SEWING 縫紉家 06

輕鬆學會機縫基本功
栗田佐穗子◎監修
定價：380 元

細節精細的衣服與小物，是如何製作出來的呢？一切都看縫紉機是否運用純熟！書中除了基本的手縫法，也介紹部分縫與能讓成品更加美觀精緻的車縫方法，並運用各種技巧製作實用的布小物與衣服，是手作新手與熟手都不能錯過的縫紉參考書！

SEWING 縫紉家 05

手作達人縫紉筆記
手作服這樣作就對了
月居良子◎著　定價：380 元

從畫紙型與裁布的基礎功夫，到實際縫紉技巧，書中皆以詳盡彩圖呈現；各種在縫紉時會遇到的眉眉角角、不同的衣服部位作法，也有清楚的插圖表示。大師的縫紉祕技整理成簡單又美觀的作法，只要依照解說就可以順利完成手作服！

SEWING 縫紉家 04

手作服基礎班
從零開始的縫紉技巧 book
水野佳子◎著　定價：380 元

書中詳細介紹了裁縫必需的基本縫紉方法，並以圖片進行解說，只要一步步跟著作，就可以完成漂亮又細緻的手作服！從整燙的方法開始、各種布料的特性、手縫與機縫的作法，不錯過任何細節，即使是從零開始的初學者也能作出充滿自信的作品！

完美手作服の
必看參考書籍

SEWING 縫紉家 03

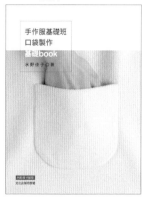

手作服基礎班
口袋製作基礎 book
水野佳子◎著　定價：320 元

口袋，除了原本的盛裝物品的用途外，同樣也是衣服的設計重點之一！除了基本款與變化款的口袋，簡單的款式只要再加上拉鍊、滾邊、袋蓋、褶子，或者形狀稍微變化一下，就馬上有了不同的風貌！只要多花點心思，就能讓手作服擁有自己的味道喔！

SEWING 縫紉家 02

手作服基礎班
畫紙型＆裁布技巧 book
水野佳子◎著　定價：350 元

是否常看到手作書中的原寸紙型不知該如何利用呢？該如何才能把紙型線條畫得流暢自然呢？而裁剪布料也有好多學問不可不知！本書鉅細靡遺的介紹畫紙型與裁布的基礎課程，讓製作手作服的前置作業更完美！

SEWING 縫紉家 01

全圖解 裁縫聖經（暢銷增訂版）
晉升完美裁縫師必學基本功
Boutique-sha ◎著　定價：1200 元

它就是一本縫紉的百科全書！從學習量身開始，循序漸進介紹製圖、排列紙型及各種服裝細節製作方式。清楚淺顯的列出各種基本工具、製圖符號、身體部位簡稱、打版製圖規則，讓新手的縫紉基礎可以穩紮穩打！而衣服的領子、袖子、口袋、腰部、下襬都有好多種不一樣的設計，要怎麼車縫表現才完美，已有手作經驗的老手看這本就對了！